电路分析基础实验教程

主　编　李若英　肖　东

副主编　彭志红　李鹏程　范玲俐

主　审　李可为

重庆大学出版社

内容提要

本书共分3章,第1章介绍实验技术基础知识,包括实验课的意义、目的、基本要求,以及实验的基本知识,包括电工仪器设备的选用、实验设计的基本方法、合理布局与正确接线、安全操作规则、故障的分析和处理。第2章为基础实验,包括直流电路、动态电路、正弦交流电路、互感与谐振电路、三相电路、非正弦周期电流电路的实验,以及电工仪器、仪表和电子仪器、仪表的使用等实验,共20个项目。第3章为大型综合实验,包括综合实验的电路理论及设计、焊接技术、元器件的基本知识、产品的组装调试与故障分析等。

本书可作为高校电类专业电路分析实验教材,也可供工程技术人员参考。

图书在版编目(CIP)数据

电路分析基础实验教程/李若英,肖东主编.—重庆:
重庆大学出版社,2020.1(2025.1 重印)
高等学校电气工程及其自动化专业应用型本科系列规
划教材
ISBN 978-7-5689-1834-3

Ⅰ.①电… Ⅱ.①李… ②肖 Ⅲ.①电路分析—实验—高等
学校—教材 Ⅳ.①TM133-33

中国版本图书馆 CIP 数据核字(2019)第229230号

电路分析基础实验教程

主　编　李若英　肖　东
副主编　彭志红　李鹏程　范玲俐
主　审　李可为

策划编辑:鲁　黎
责任编辑:张红梅　　版式设计:鲁　黎
责任校对:邹　忌　　责任印制:张　策

*

重庆大学出版社出版发行
出版人:陈晓阳
社址:重庆市沙坪坝区大学城西路21号
邮编:401331
电话:(023)88617190　88617185(中小学)
传真:(023)88617186　88617166
网址:http://www.cqup.com.cn
邮箱:fxk@cqup.com.cn(营销中心)
全国新华书店经销
重庆新生代彩印技术有限公司印刷

*

开本:787mm×1092mm　1/16　印张:7.75　字数:201千
2020年1月第1版　2025年1月第3次印刷
印数:4 501—4 800
ISBN 978-7-5689-1834-3　定价:20.00元

前言

本书在编写的过程中遵循“保基础、重应用、强动手、促创新”的原则,其目的是在学生学习基本实验知识、完成基本实验技能训练的同时,加大对学生综合能力和工程应用能力的培养。

本书第1章教授学生实验课程的基本知识。第2章着重基础实验的训练,使学生学会常用仪器、仪表(如稳压电源、信号发生器、示波器、电压表、电流表、万用表等)的使用,学会应用常规的测量方法测量电压、电流、电功率等物理量和电阻、电感、电容等元件的参数,正确地读取和记录实验数据,并绘制曲线;同时,培养学生独立进行实验和初步设计实验的能力,以及分析并排除一些简单电路故障的能力。本章每个实验都配有“思考题”,可以帮助学生预习实验并加深对理论知识的理解,最后的“实验报告”对学生完成实验数据分析及得出实验结论有一定的提示和帮助。要完成本章全部实验需要的学时数较多,考虑到通用性,有些实验项目安排的内容也较多且难度不一,但各自相互独立,各校可根据课程要求、设备条件、学生基础等实际情况,灵活选择实验项目和具体内容。第3章的大型综合实验分为“电路理论及电路设计”“工程技能”“产品组装、调试与故障分析”三大模块,以万用表的设计、安装与调试为例,通过焊接技能、元件识读、产品初检与调试、故障查找与排除、简单电路设计等训练,突出对学生综合能力和工程应用能力的培养。

本书由李若英、肖东担任主编,彭志红、李鹏程和范玲俐担任副主编,李可为担任主审。李若英独立编写了第1章,参加编写了第2、第3章,彭志红参加编写了第2、第3章,李鹏程、肖东、范玲俐参加编写了第2章。杨梅、易兴兵、梁飞、曹冬梅参加了本书内容讨论,提出了不少宝贵意见并参与部分内容的修改。全书由李若英整理汇总。

本书结合实验教学实际,源自校内自编实验指导书,编写中还参考了理论教材、实验教材、设备使用书等资料。由于该指导书修改使用历经20年,有些参考资料已经无法查找出处,没能列出在参考资料中,在此深表歉意,同时也对给予了本书帮助的老师们表示衷心地感谢。

由于编者学识有限，书中肯定存在一些错误和不妥之处，敬请使用本书的师生与读者予以批评、指正，我们将不断予以改进。

编　者

2018 年 11 月

目录

第 1 章 实验技术基础知识

1.1 实验的意义、目的和基本要求

一、实验课的意义

现代科学技术的高速发展,要求工程技术人员既要有扎实的理论知识,又须具备良好的实验技能和解决工程实际问题的能力。这些均离不开实验课的基本训练。

二、实验课的目的

①增强感性认知,巩固和扩展电路及磁路理论知识,加深对基本理论的理解,培养实际工作能力。

②学习实验的基本知识,训练实验技能,掌握常用电工仪器设备的选用方法及测试技术。

③应用理论知识对实验结果进行分析、处理,提高分析问题和解决问题的能力。

④掌握基本焊接知识和焊接技术,了解万用表的设计原理,掌握万用表的安装与调试。

⑤培养实事求是、严肃认真、细致踏实的科学作风和良好的实验习惯。

三、实验基本要求

1. 实验前的预习

①明确本次实验的目的和任务,结合实验原理复习有关理论。了解实验的方法和步骤,对自拟实验还应拟出实验连接线路及其结果的记录图表(作为预习报告上交)。

②理解并记住本次实验的注意事项。对实验需用仪器设备的原理及使用方法作初步了解。

③思考本次实验所留思考题,并将其带入实验中探讨。

2. 实验的进行

①实验操作前应认真听取教师对本次实验的讲解、要求或注意事项。

②按照线路连接原则,合理连线,检查无误后才能通电实验。

③每次测量后,立即将测量数据如实地记录下来。若发现数据与理论计算不符,不应随便

改写,应认真分析,找出原因,再重新测量,记下正确的数据。

④实验中始终注意人身及设备安全,严格按照实验要求和实验步骤规范操作,一丝不苟。若发现异常现象,应立即断电并查找原因。

⑤实验结束后,先断电,然后认真检查,确认结果无遗漏和错误后请指导教师验收签字,最后拆除线路,复归仪器设备,整理导线成束,清洁实验台。

3. 实验报告

实验报告是实验工作的全面总结,其质量不但是实验教学完成的凭证,而且对实验交流、成果推广或学术评价起着至关重要的作用。实验报告要求简明、工整和真实。

报告内容如下:

①实验名称、日期、班级、同组实验者。

②实验目的。

③实验原理。

④实验仪器及设备。实验者应列表记录所用仪器设备的名称、型号、规格、数量、编号等,以便整理数据发现问题时,可以按原编号仪器查对核实。

⑤实验任务及步骤。

⑥实验数据及图表。这部分内容是根据原始记录整理而成的,主要包括数据、图表及计算。所有数据的单位应一律采用国际单位。

⑦实验分析及结论。要求紧扣实验目的和要求来分析,并在分析的基础上得出结论。这部分是实验报告的重点之一,对培养学生理论联系实际、综合分析问题、总结归纳等能力非常有益,教师应重点关注。

为方便积累资料和复习,每项实验都列出了相应的待填图表。

1.2 实验的基本知识

一、电工仪器设备的选用

仪器设备的选用可以总结为4个字:类、级、量、内。

(1)类

类是指根据测量对象的性质及测量对象的数值特点选择仪器设备的类型。如根据测量对象是直流还是交流来选择直流或交流仪器设备。若是交流,还应根据是何种交流、待测何值,以及工作频率等来确定是选用交流仪表(电磁系、电动系和感应系)还是选用电子仪表。

(2)级

级是指选择仪表设备的准确度等级。仪表准确度等级有0.1,0.2,0.5,1.0,1.5,2.5,5.0等7级。其中0.1,0.2级常用作标准表或作精确测量;0.5,1.0,1.5级仪表用于实验室一般测量;1.5,2.5,5.0级常用作安装仪表或作工业测量。

(3)量

量是指选择仪表的量程和设备的额定量值。

对于仪表应合理选择量程后再进入测量。量程小了易烧表或“打表”;量程太大则测量误差也大。一般工程测量中量程选择应为所估被测量最大值的1.2~1.5倍，仪表指针指示尽可能不低于$\frac{1}{2}$的满偏读数。对于功率表，应特别注意被测量的电压和电流都不允许超过表的量程。对于示波器应注意衰减器的挡位，最大信号电压不能超过测试端的最大允许值。如果不知道被测量大小，则按“先大（粗测），后小（细测）”的原则选择仪表的量限挡位。

一般设备的铭牌上标有容量、参数及额定电压、电流等。设备和器件只有在额定条件下才能正常工作，使用中绝对不允许超过额定值，否则将损坏设备和器件。选用电源设备应考虑其额定电压、最大输出电流、额定输出功率等。选电阻器要考虑其额定功率；选电感线圈要考虑其本身的载流量；选电容器应注意其工作电压要符合要求；对于交流调压器，除应注意输入电压符合要求外，还要注意输出电压及电流；对于连接导线，应注意其载流量。

（4）内

内是指所选仪表设备的内阻。

实验中应根据被测对象的阻值大小选择合适的仪表内阻。在图1-2-1所示电路中，当需测量电阻R两端的电压时，如果电压表内阻R_V过小或与被测对象的阻值相差不大，则电压表的接入将严重地改变被测电路原有的工作状态，造成测量结果有很大的误差，甚至测量结果失去意义。例如，在图1-2-1中，假设$U_s=150$ V，$R_1=R_2=10$ kΩ，电压表内阻$R_V=10$ kΩ，量限为100 V。在电压表未接入前

$$U=\frac{R_2}{R_1+R_2}U_s=75\ \text{V}$$

当接入电压表后

$$U=\frac{R_2//R_V}{R_1+R_2//R_V}U_s=50\ \text{V}$$

这与R_2两端的实际电压75 V相差很大，显然测量结果没有意义。

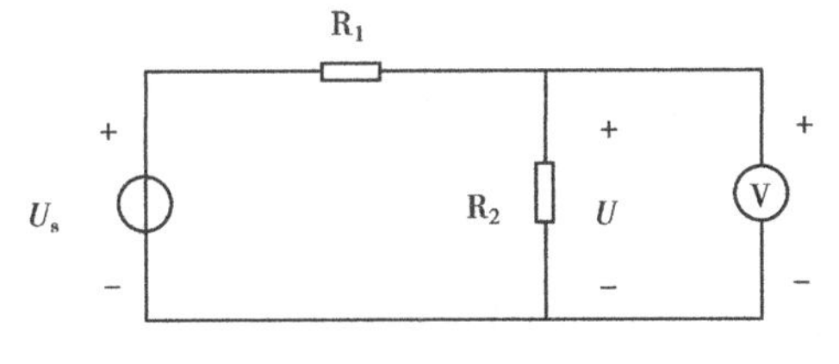

图1-2-1

如果$R_V=1\ 000$ kΩ，仍用量程为100 V的电压表进行测量，则测量结果为74.62 V。此测量结果与电阻R_2两端的实际电压已非常接近。

由此可见，电压表的内阻越大，对测量结果的影响越小。一般工程测量中，当电压表内阻$R_V\geq 100R$时（R为与电压表并联的被测对象的总等效电阻），就可以忽略电压表内阻的影响。

电流表在被测电路中是被串入的，如图1-2-2所示，若其内阻R_A过大或与被测电阻相差不大，则会影响测量精度，甚至使测量结果失去意义。因此，电流表内阻R_A越小越好。在一般工程测量中，当电流表内阻$R_A\leq\frac{1}{100}R$时（R为与电流表串联的被测对象的总等效电阻），就可以忽略电流表内阻的影响。

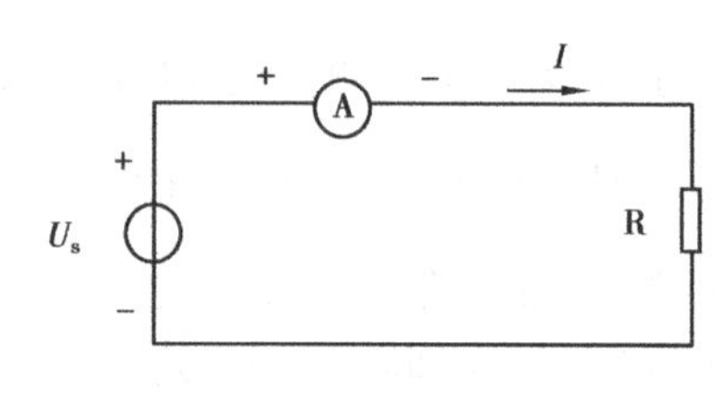

图 1-2-2

直流稳压电源、稳流电源一般分别作为理想电压源和理想电流源看待，即认为前者内阻为零，后者内阻为无穷大。但对于信号发生器等其他电源设备必须考虑其内阻。在使用有内阻的电源设备时，负载如需获得最大功率，必须考虑阻抗匹配。

二、实验设计的基本方法

实验设计是指，根据给定的实验题目和要求，确定实验方案，正确选择所需的实验仪器仪表和设备，自拟实验线路进行实验，并解决实验中遇到的各种问题。实验设计的程序如下。

1. 确定实验方案

根据实验题目、任务、要求等选择可行的实验方案，既要考虑可靠的理论依据，又要考虑有无实现的可能性。确定实验方案的步骤如下：

①实验原理的研究。包括了解与实验题目有关的理论知识，选择实验电路、实验方法及实验方式等。

②仪器设备与器件的选择。包括电路参数的计算，仪器设备和器件的型号、规格、数量的选择等。

③实验条件的确定。包括电源电压、信号源频率的选择，测试范围的确定等。

2. 处理实验进行中出现的问题

①得不到预期的实验结果。先检查电路、仪器设备、实验方法、实验条件等，再检查实验方案，若实验方案有误则修订实验方案。

②实验结果与理论不一致。仔细观察现象，分析数据并找出原因。

③误差偏大。分析产生误差的原因，找出减小误差的方法。

3. 分析实验结果

实验结果的分析应紧扣实验题目和要求。它包括实验结果的理论解释、实验误差分析、实验方案的评价与改进意见、解决实验问题的体会等。

三、合理布局与正确接线

1. 合理布局

根据实验任务和仪器设备条件，合理安排各仪器设备和实验装置的位置，布线时避免不必要的交叉和跨越，防止出现影响操作、读数及导致不安全的因素。电源设备靠近电源开关，仪表严禁歪斜放置或重叠放置。总之，力求做到安全方便、整齐清晰，使实验操作顺手，又易于观察和读数。

图 1-2-3 和图 1-2-4 分别是伏安法测量正弦交流参数的两种布局接线图。图 1-2-3 中的仪表位于实验台的外侧，离操作者近，而且接在零线上，既操作顺手，观察读数方便，又比较安全，是一种合理布局。图 1-2-4 的布局不便于操作和读数，而且不安全，因而是不可取的。

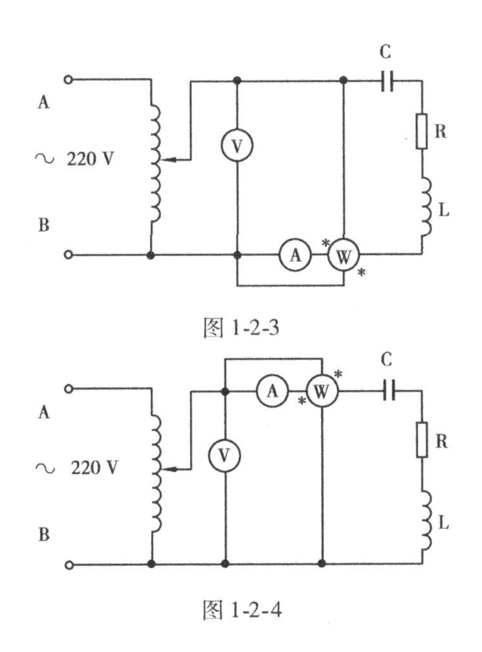

图1-2-3

图1-2-4

2. 正确接线

接线时根据电路的特点,选择合理的接线步骤。正确接线的程序是:按图摆台,先串后并,先分后合,先主后辅。

①按图摆台。首先根据合理布局所画出的原理图,找出各仪器、仪表与设备,放在实验台相应的位置。

②先串后并。先连接串联回路各器件,然后连接并联支路的器件。如图1-2-3所示电路,可先将电流表、功率表电流线圈、电阻器、电感器及电容器等逐个串联,再将电压表、功率表电压线圈分别并联在相应节点上。

③先分后合。复杂的电路要根据其特点分成几个部分。如图1-2-5所示电路可以分成负载和电源两部分。先将各部分线路接好,再将各部分线路连成一个完整的线路。

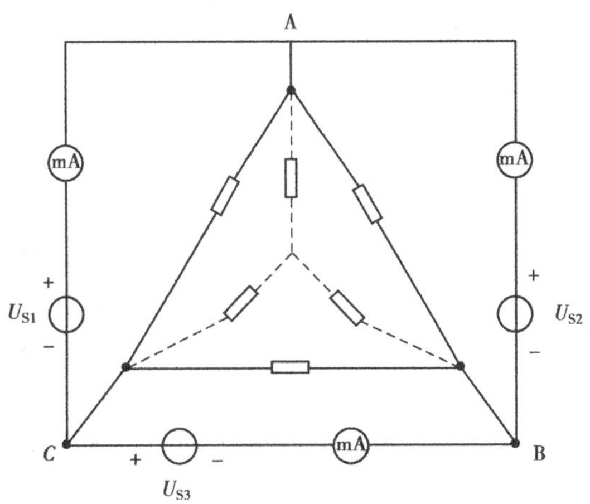

图1-2-5

④先主后辅。如果所连的线路是一个复杂的系统,通常是先连主回路后连辅助回路。

连接电路时还应注意,导线长短要适中。接线太长则缠绕不清,不便于检查;太短则牵扯仪器,易脱线造成事故。导线的接线片不宜过多地集中于一点,每点最好不超过两个接线片。

对于图 1-2-6(a)的原理电路图来说,图 1-2-6(b)的接线合理,而图 1-2-6(c)的接线则不妥。

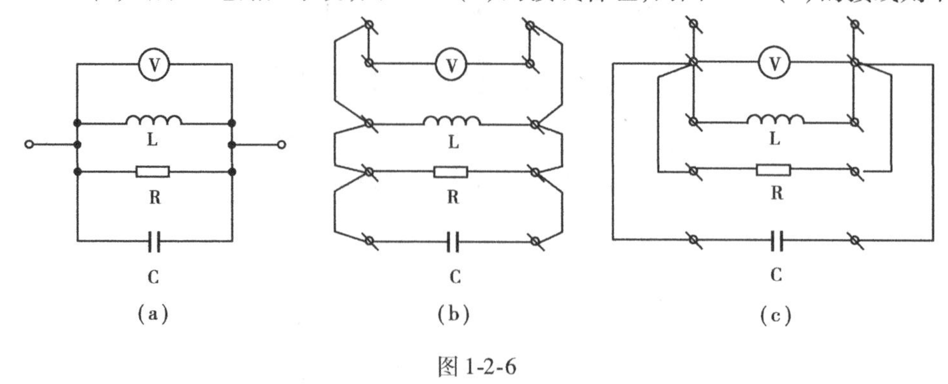

图 1-2-6

四、安全操作规则

为防止短路,烧毁设备,甚至发生触电等事故,实验前应熟悉安全使用常识,实验中必须严格遵守安全用电制度和操作规程。

①先接线检查后通电;先断电源后拆线;设备外壳要接地。

电气设备(如电子仪器)在正常运行情况下外壳不带电,一旦这些设备的绝缘性降低,就会出现漏电现象,外壳就会带电。如果人体接触带电的外壳就会触电,也称单相触电。因此电气设备金属外壳常与大地直接连接起来,或者在电源中点接地的低压系统中,把电气设备的金属外壳与中线相连,以确保实验者的安全。前者叫保护接地,后者叫保护接零。

②测量电压时,电压表经常不做固定接线,此时测量表笔必须接在电压表的接线端钮上,不得接在电源板的接线柱上,否则两支表笔相碰就会造成短路。

③接好线路后,在通电前,注意电路中各元件参数要调整到实验所需值,分压器、调压器等可调设备的起始位置要放在最安全处,仪表指零也要调好。

④通电瞬时,注意观察整个线路上所有仪器、仪表。如发现有不正常现象(光、热、声、味、烟及表针指示异常等)应立即断开电源,查找原因。

五、故障的分析和处理

实验中常会遇到因断线、接错线等造成的故障,导致电路工作不正常,严重时还会损坏设备,甚至危及人身安全。

为了防止错接线路而造成的故障,应按照线路合理布局,严格遵守安全操作规则,认真接线。接完线后一定要仔细检查,包括同学互查和教师复查,尤其是在做强电实验时,通电前必须经教师复查,确认无误后方可接通电源。若出现故障不要惊慌失措,应立即断电,仔细查找原因,争取独立排除故障。

排除实验故障是培养实际工作能力的一个重要方面,它不但需要一定的理论基础,还需要较熟练的实验技能,并在实验中不断总结经验。

1. 产生故障的常见原因

①电路连接点接触不良,导线内部断线。

②器件、导线裸露部分相碰造成短路。

③电路连线错误,测试条件不对。

④器件参数不合适,实验装置、器件使用条件不符。

⑤仪器设备或器件损坏。

2. 故障处理的一般步骤

①立即切断电源,避免故障扩大。

②检查电路器件的外观,查找有无外观异常的器件。

③仔细检查接线是否有误。

④根据故障现象,判断故障性质。故障可分为两大类:一类属破坏性故障,可造成仪器设备、器件损坏,其现象是烟、味、声、热等。另一类属非破坏性故障,其现象是无电压、无电流,或电压值、电流值不正常,波形异常等。

⑤根据故障性质,确定故障的检查方法。对破坏性故障只能采用断电检查方法,可用欧姆表检查线路的通断、短路或器件阻值等。对非破坏性故障,可采用断电检查,也可采用通电检查或两者结合的方法。

通电检查主要是用电压表、电流表检查电路有关部分的电压、电流是否正常。以图1-2-7所示线路为例说明电压表、电流表在通电检查故障中的具体应用。

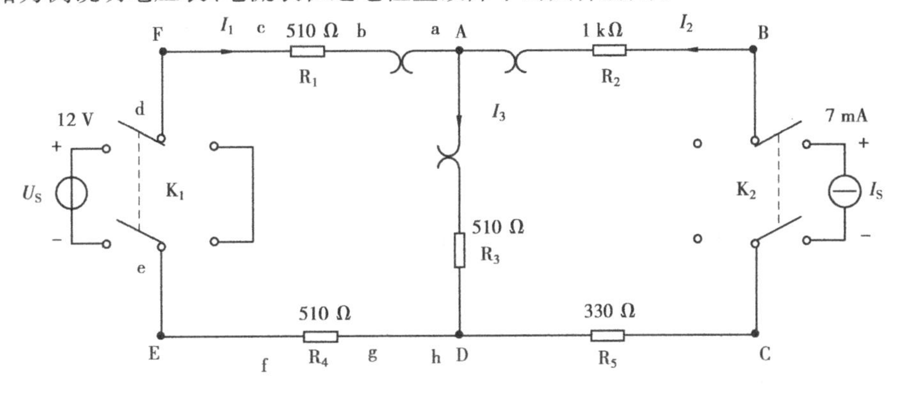

图1-2-7

若实验过程中发现AFED支路电流为零,且 $I_2=I_3=7$ mA,则说明AFED支路有断路点。查找故障的方法为电压表逐点测量(a—b、b—c、c—d、d—e、e—f、f—g、g—h)两点间电压,测得数据分别为0 V,0 V,−8.43 V,12 V,0 V,0 V,0 V。可发现断点故障出现在 c 与 d 之间。

若实验过程中发现 $V_A=V_D$,且 $I_1=11.8$ mA、$I_2=7$ mA、$I_3=18.8$ mA,则可判断A、D间有短路点。该故障为电阻 R_3 被短路。

欧姆表法与电压表、电流表法是检查故障的两种常用方法,通常配合使用。

第 2 章 基础实验

2.1 直流电工仪器仪表的使用

一、实验目的

(1)学会直流电压源和直流电流源的使用。

(2)学会用直流电压表和直流电流表测量直流电压和直流电流。

二、实验原理

1. 实验台

电路分析实验中,直流实验所用的电源设备是直流稳压电源和恒流源,所用的测量仪表是直流电压表和直流电流表或万用表,所用的负载是电阻元件。

SBL-1 型实验台(图 2-1-1)上的电路基本量测量仪器分别是电量仪,直流电压表、直流电流表等测量仪,还有各种实验用电源,如交流电源(380 V,50 Hz)、直流稳压源及恒流源。

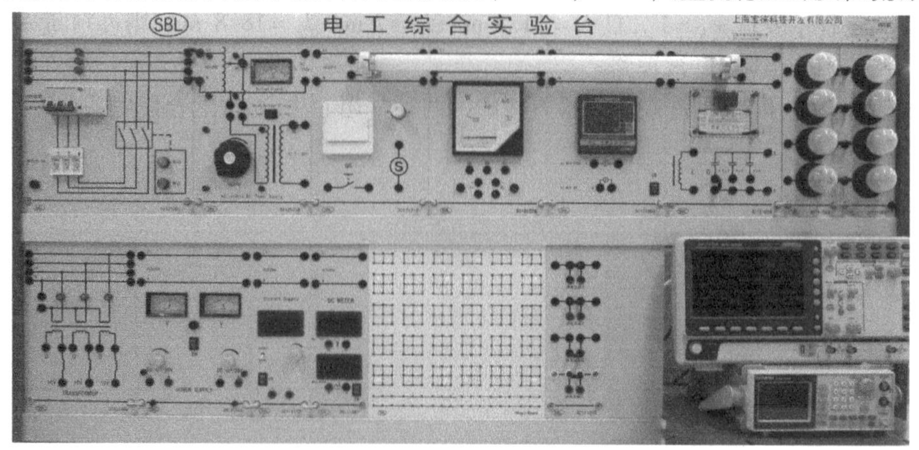

图 2-1-1　SBL-1 型电工综合实验台

SBL-1 型电工综合实验台的直流电源和直流测量仪表有指针显示和数字显示，它们之间的数据显示存在一定的误差，通常以仪表的测量显示值为准，直流电源和直流仪表有正负极之分，存在一定的容量和范围，使用时，应注意正、负极性，以及仪表的范围和仪表的量程。

当实验发生故障时，实验台会自动报警，报警指示灯红灯闪烁，发出报警声音，并且接触器跳开。此时应立即按下报警指示的红灯键（即可停止发出的报警声音），然后查出故障原因，恢复正常后，重新启动，才能继续实验。

2. 直流稳压电源

此仪器左右对称，是两路可同时输出的电压源，如图 2-1-2(a)、(b)所示。

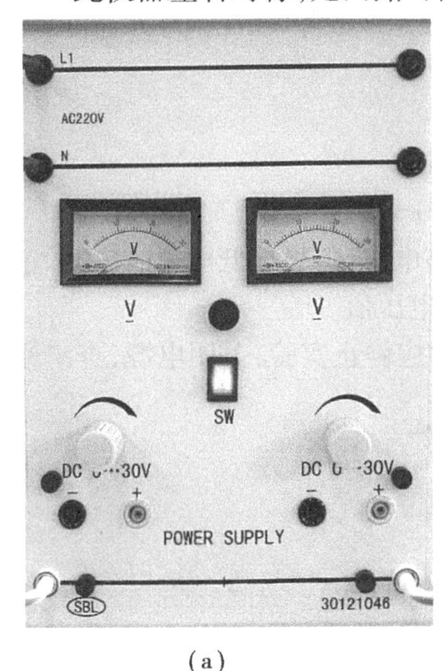

(a)

(b)

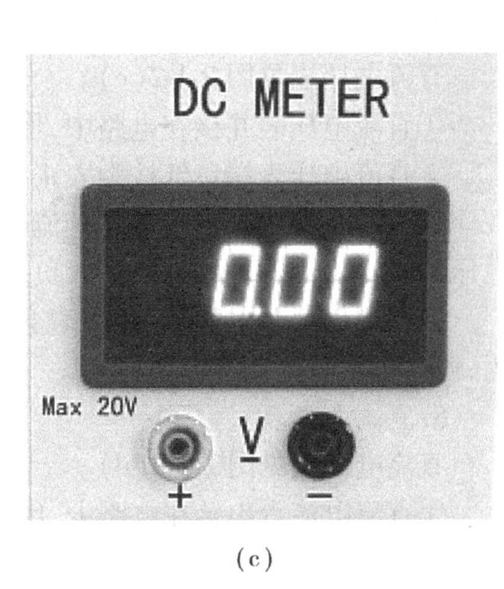

(c)

(d)

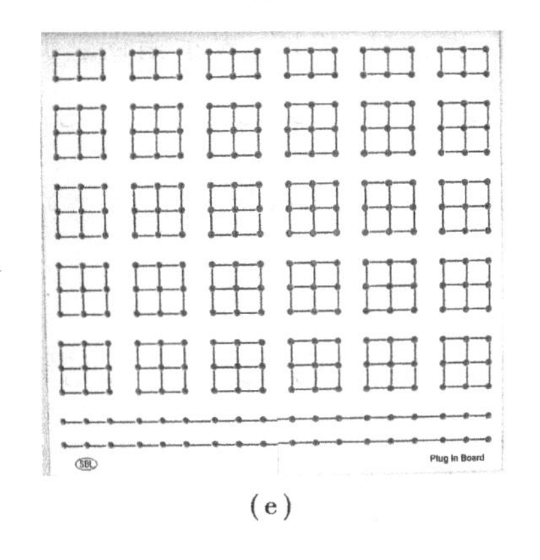

(e)

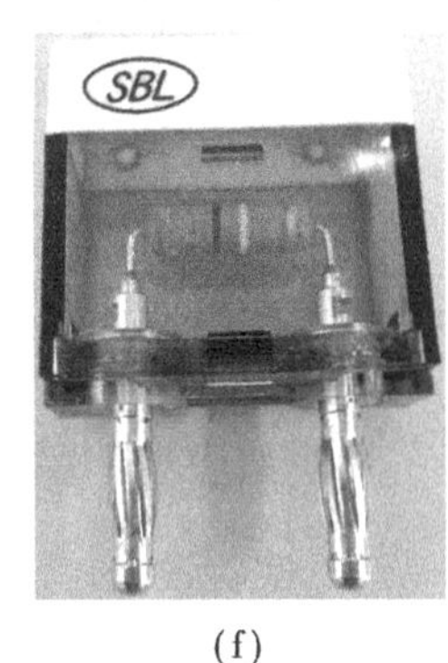

(f)

图 2-1-2

①实验台开机后，打开稳压电源开关，红色指示灯亮。

②输出端红色接线柱为电源正极，黑色接线柱为电源负极，调节输出调节旋钮，可使其输出电压在 0 ~ 30 V 调节。

③右边输出端与左边对称相同。

④注意电压源不能短路，否则仪器将自动保护，时间长了甚至被烧坏。

3. 直流数显恒流源

直流数显恒流源是可输出恒定电流的直流电流源，如图 2-1-2(b)所示。

①在实验台开机状态下，且将负载接到恒流源两输出端后，打开恒流源开关，红色指示灯亮。(注:恒流源不能开路使用，所以必须在接入电路或将其短路后，方可打开开关。)

②恒流源输出端输出电流，红色接线柱为电源正极、蓝色接线柱为电源负极，电流从电源正极流出，经负载从电源负极流入，形成回路，“电流指示”窗口直接数字显示电流源输出电流数据。

③输出电流大小由“输出开关”(其范围分别为 20 mA、200 mA)和输出调节旋钮实现。

④注意电流源不能开路，否则无电流输出，调节电流值会使电流源两端产生高电压。应正确选择电流源粗调范围。再细调到给定值，否则易发生错误，给电路造成故障，甚至损坏元器件。

4. 直流电压表

直流电压表见图 2-1-2(c)。

①直流电压表并接在电路中，用以测量电路的各电压值。

②直流电压表端口红柱为表正极、黑柱为表负极，量程为 20 V。

③测量时电压表直接数显直流电压值。当电压表正极接高电位，负极接低电位时，显示正电压值；当电压表正极接低电位，负极接高电位时，直接显示负电压值。

④如测量值超出量程，电压表会显示“1”，表示错误。此时应停止实验，关闭电源，查出原因，恢复正常后才能继续实验。

5. 直流电流表

直流电流表见图 2-1-2(d)。

①直流电流表串接在电路中，用以测量各支路的电流值。

②直流电流表端口红柱为表正极、黑柱为表负极，最大量程 200 mA。

③测量时，正确连接极性，所测电流值应小于 200 mA。当电流从表正极流向表负极时，电流表显示正值。当电流从表负极流向表正极时，电流表直接显示负值。

④如测量值超过量程，表会显示“1”，表示错误。此时应停止实验，关闭电源，查出原因，恢复正常后才能继续实验。

6. 九孔万能插件板

实验用九孔万能插件板见图 2-1-2(e)，“田”字方格内的 9 个孔内部相连，即 9 孔相互短路，可视为一点。

7. 实验元件

实验所用元件做成如图 2-1-2(f)所示的插件形式，使用时插入九孔万能插件板即可接入电路。

三、实验设备

本实验实验设备如表 2-1-1 所示。

表 2-1-1

序号	设备名称	型号与规格	数量
1	可调直流稳压电源	0 ~ 30 V	1
2	可调直流恒流源	0 ~ 200 mA	1
3	直流数字电压表	0 ~ 20 V	1
4	直流数字毫安表	0 ~ 200 mA	1

四、实验步骤

1. 实验台的开机与关机(见电工综合实验台)

①合上电源空气开关,红色“停止”按钮灯亮。

②按下绿色“启动”按钮,红灯灭,绿灯亮。

③关机时,逆操作。

2. 仪器使用

①分别将直流电压表并接在电压源的两个输出端,如图 2-1-3 所示。按设备操作步骤调节电压源的输出电压分别为 6 V 和 12 V,并用直流电压表进行电路电压测量。

②将直流电流表串接在电流源输出端,如图 2-1-4 所示。按设备操作步骤,打开恒流源表开关,“输出开关”选择 20 mA,调节输出旋钮使输出电流在 0 ~ 20 mA 变化,使 I_s 分别为 7 mA 和 10 mA,并用直流电流表进行电路电流测试。

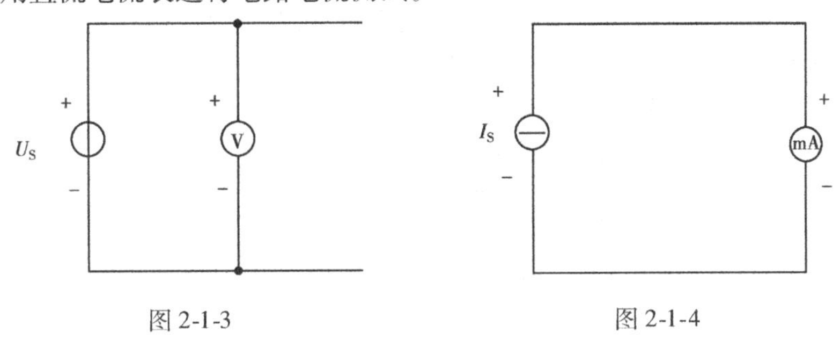

图 2-1-3　　图 2-1-4

五、实验注意事项

①实验中如果直流稳压电源短路,直流稳压电源就会自动保护,输出电压为 0。此时应立即关闭电源,排除短路后方可重新开启电源。

②实验中如果直流数显恒流源开路,直流数显恒流源就会自动保护,输出电流为 0。此时应立即关闭电源,排除开路后方可重新开启电源。

六、思考题

直流稳压电源自带一只指针式直流电压表,其读数与直流数字式电压表的读数有一定误差,此误差是什么误差?

七、实验报告

通过实验结果,分析直流稳压电源、直流数显恒流源自带的显示表读数与实验用的电压表、电流表读数之间存在误差的原因。

2.2 减小仪表测量误差的方法

一、实验目的

(1)了解在测量过程中因电压表、电流表的内阻产生的误差及其分析方法。

(2)掌握减小因仪表内阻所引起的测量误差的方法。

二、原理说明

减小因仪表内阻而引起的测量误差的方法有以下两种。

1. 不同量限两次测量法

当电压表的灵敏度不够高或电流表的内阻太大时,可利用多量限仪表对同一被测量用不同量限进行两次测量,用所得测量结果经计算后可得到较准确的结果。

在如图 2-2-1 所示的电路中,欲测量具有较大内阻 R_0 的电动势 U_S 的开路电压 U_0,如果所用电压表的内阻 R_V 与 R_0 相差不大,则会产生很大的测量误差。

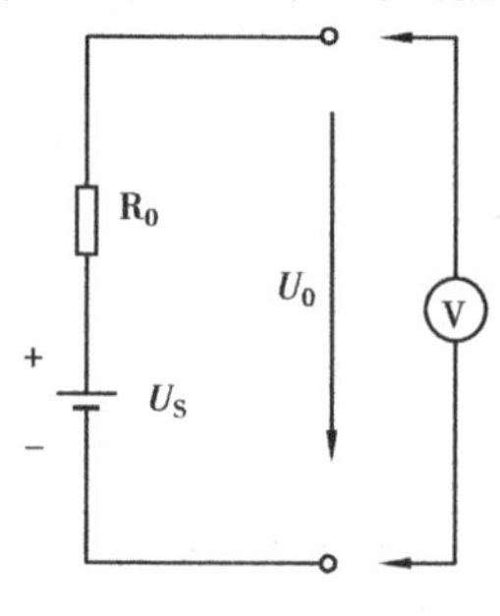

图 2-2-1

设电压表有两挡量限,U_1、U_2 分别为在这两个不同量限下测得的电压值,令 R_{V1} 和 R_{V2} 分别为这两个相应量限的内阻,则由图 2-2-1 可得出

$$U_1 = \frac{R_{V1}}{R_0 + R_{V1}} \times U_S \qquad U_2 = \frac{R_{V2}}{R_0 + R_{V2}} \times U_s$$

由以上两式可解得 U_S(即 U_0)和 R_0,其中

$$U_S = \frac{U_1 U_2 (R_{V2} - R_{V1})}{U_1 R_{V2} - U_2 R_{V1}}$$

由上式可知,当电源内阻 R_0 与电压表的内阻 R_V 相差不大时,通过上述两次测量结果,可计算出开路电压 U_0 的大小,且其准确度要比单次测量的好得多。

对于电流表,当其内阻较大时,也可用类似的方法测得较准确的结果。如图 2-2-2 所示,电路中不接入电流表时,电流为 $I = \frac{U_S}{R}$;接入内阻为 R_A 的电流表时,电路中的电流变为 $I' = \frac{U_S}{R + R_A}$。

如果 $R_A = R$,则 $I' = \frac{I}{2}$,此时将出现很大的误差。

用有不同内阻(R_{A1}、R_{A2})的两挡量限电流表作两次测量并经简单计算就可得到较准确的电流值。

按图 2-2-2 所示电路进行两次测量,得

$$I_1 = \frac{U_S}{R + R_{A1}} \qquad I_2 = \frac{U_S}{R + R_{A2}}$$

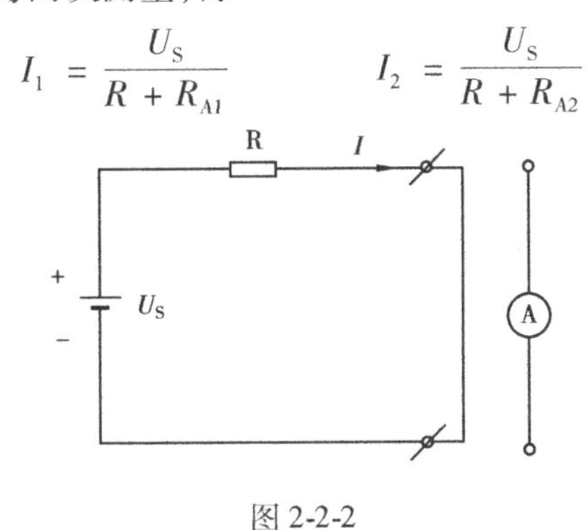

图 2-2-2

由以上两式可解得 U_S 和 R,进而可得

$$I = \frac{U_S}{R} = \frac{I_1 I_2 (R_{A1} - R_{A2})}{I_1 R_{A1} - I_2 R_{A2}}$$

2. 单量限两次测量计算法

如果电压表(或电流表)只有一挡量限,且电压表的内阻较小(或电流表的内阻较大),则可用同一量限两次测量法减小测量误差。其中,第一次测量与一般的测量并无两样。第二次测量则必须在电路中串入一个已知阻值的附加电阻。

(1)电压测量

如图 2-2-3 所示,电路的开路电压为 U_0,设电压表的内阻为 R_V。第一次测量时电压表的读数为 U_1。第二次测量时,与电压表串接一个已知阻值的电阻器 R,电压表读数为 U_2。由图可知

$$U_1 = \frac{R_V U_S}{R_0 + R_V}$$

$$U_2 = \frac{R_V U_S}{R_0 + R + R_V}$$

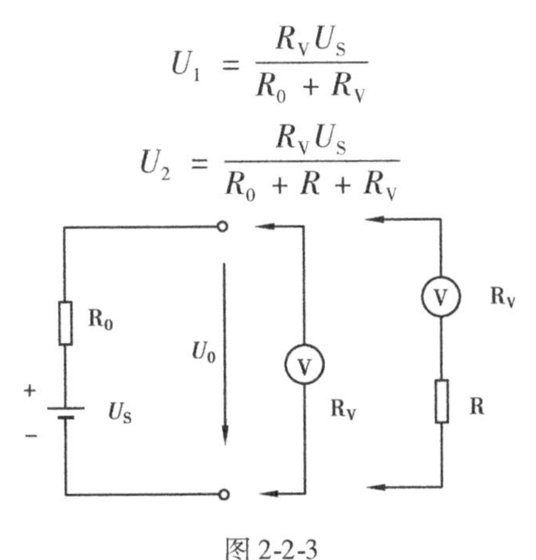

图 2-2-3

由以上两式可解得 U_S(即 U_0)和 R_0,其中

$$U_S = U_0 = \frac{R U_1 U_2}{R_V (U_1 - U_2)}$$

(2)电流测量

如图 2-2-4 所示,电路的电流为 I,设电流表的内阻为 R_A。第一次测量时电流表的读数为

I_1。第二次测量时,与电流表串接一个已知阻值的电阻器R,电流表读数为 I_2。由图可知

$$I_1 = \frac{U_S}{R_0 + R_A}$$

$$I_2 = \frac{U_S}{R_0 + R_A + R}$$

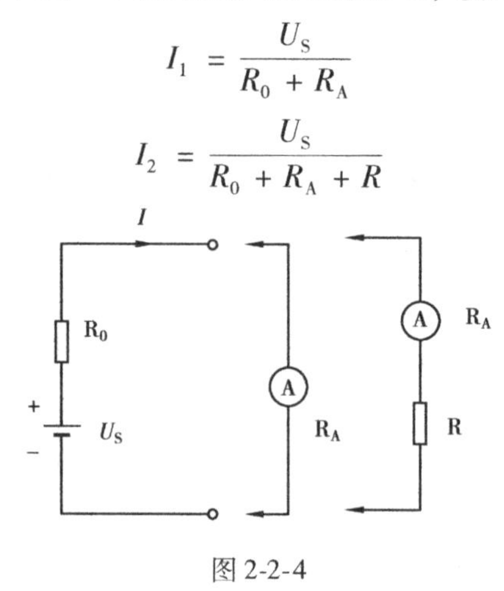

图 2-2-4

由以上两式可解得 U_S 和 R_0,从而可得

$$I = \frac{U_S}{R_0} = \frac{I_1 I_2 R}{I_2(R_A + R) - I_1 R_A}$$

由以上分析可知,当所用仪表的内阻与被测线路的电阻相差不大时,可采用多量限仪表不同量限两次测量法或单量限仪表两次测量法。通过计算就可得到比单次测量准确得多的结果。

三、实验设备

本实验实验设备如表 2-2-1 所示。

表 2-2-1

序号	设备名称	型号与规格	数量	备注
1	可调直流稳压电源	0 ~ 30 V	1	—
2	指针式万用表	MF-47 或其他	1	自备
3	直流数字毫安表	0 ~ 200 mA	1	—
4	可调电阻箱	0 ~ 9 999. 9 Ω	1	—
5	电阻器	按需选择	—	—

四、实验步骤

1. 不同量限电压表两次测量法

按图 2-2-3 所示电路进行实验。实验中利用实验台上的一路直流稳压电源,取 U_S = 2. 5 V, R_0 选用 50 kΩ(取自电阻箱)。用指针式万用表的直流电压 2. 5 V 和 10 V 两挡量限进行两次测量,最后算出开路电压 U_0',并完成表 2-2-2。

表 2-2-2

万用表电压量限	内阻值/kΩ	两个量限的测量值 U/V	电路计算值 U_0/V	两次测量计算值 U_0'/V	U 的相对误差/%	U'_0 的相对误差/%
2.5 V						
10 V						

2. 单量限电压表两次测量法

实验线路“不同量限电压表两次测量法”。先用上述万用表直流电压 2.5 V 量限直接测量，得 U_1。然后串接 $R=10$ kΩ 的附加电阻器再一次测量，得 U_2。计算开路电压 U_0'，并完成表 2-2-3。

表 2-2-3

实际计算值 U_0/V	两次测量值		测量计算值 U_0'/V	U_0 的相对误差/%	U_0'的相对误差/%
	U_1/V	U_2/V			

3. 不同量限电流表两次测量法

按图 2-2-2 所示电路进行实验，其中 $U_S=0.3$ V，$R=300$ Ω(取自电阻箱)，用万用表 0.5 mA 和 5 mA 两挡电流量限进行两次测量，计算出电路的电流值 I'，并完成表 2-2-4。

表 2-2-4

万用表电压量程	内阻值/Ω	两个量限的测量值 I_1/mA	电路计算值 I/mA	两次测量计算值 I'/mA	I_1 的相对误差/%	I'的相对误差/%
0.5 mA						
5 mA						

4. 单量限电流表两次测量法

实验线路同“不同量限电流表两次测量法”。先用万用表 0.5 mA 电流量限直接测量，得 I_1。再串联附加电阻 $R=30$ Ω 进行第二次测量，得 I_2。求出电路中的实际电流 I'，并完成表 2-2-5。

表 2-2-5

实际计算值 I/mA	两次测量值		测量计算值 I_1/mA	I_1 的相对误差/%	I'的相对误差/%
	I_1/mA	I_2/mA			

五、实验注意事项

(1)实验前应认真阅读直流稳压电源的使用说明书，以便在实验中能正确使用。

(2)电压表应与被测电路并联使用,电流表应与被测电路串联使用,并且都要注意极性与量程的合理选择。

(3)采用不同量限两次测量法时,应选用相邻的两个量限,且被测值应接近于低量限的满偏值。否则,当用高量限测量较低的被测值时,测量误差会较大。

(4)实验中所用的 UT890D 型万用表属于较精确的仪表。在大多数情况下,直接测量误差不会太大。只有当被测电压源的内阻远远小于电压表内阻或者被测电流源内阻远远大于电流表内阻时,采用本实验的测量、计算法才能得到较满意的结果。

六、思考题

(1)完成各项实验内容的计算。

(2)实验的收获与体会。

七、实验报告

通过实验结果,总结减小因仪表内阻所引起的测量误差的方法。

2.3 电位、电压的测定

一、实验目的

用实验证明电路中电位的相对性、电压的绝对性。

二、实验原理

在一个确定的闭合电路中,各点电位的值是相对的,其电位高低视所选的电位参考点的不同而不同,但任意两点间的电位差(即电压)是绝对的,它不因参考点的变动而改变。据此性质,我们可用一只电压表测量出电路中各点相对于参考点的电位及任意两点间的电压。

三、实验设备

本实验实验设备如表 2-3-1 所示。

表 2-3-1

序号	设备名称	型号与规格	数量
1	可调直流稳压电源	0 ~ 30 V	2
2	直流数字电压表	0 ~ 20 V	1
3	直流数字毫安表	0 ~ 200 mA	1
4	电阻	510 Ω × 3,1 kΩ × 1,330 Ω × 1	5

四、实验步骤

按图 2-3-1 所示,在九孔万能插件板上安装元件并接线。

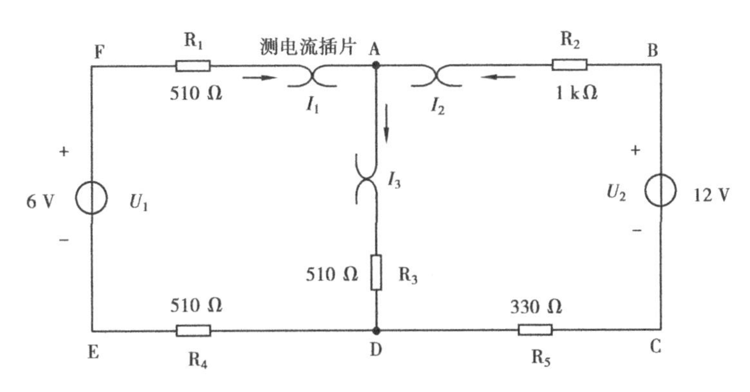

图 2-3-1

①分别将两路电源电压调到 $U_1=6\ \text{V}$，$U_2=12\ \text{V}$，再将两路电源接入电路（一定要用直流数字电压表监测，先调准电压源输出电压值，再接入实验线路中）。

②以图 2-3-1 中的 A 点作为电位参考点，分别测量 A、B、C、D、E、F 各点的电位值 V，数字直流电压表负极（黑色）接参考电位 A 点，正极（红色）接被测各点，将测得的数据列于表 2-3-2中。

③测两点之间的电压 U_{AB}、U_{CD}、U_{DE}、U_{FA}、U_{AD}及电流 I_1、I_2、I_3（毫安表的正负极取决于电路图中的箭头方向），将测得的数据列于表 2-3-2 中。

④以 D 点为参考点，重复实验步骤②、③，将测得的数据列于表 2-3-2 中。

表 2-3-2

测量项目	V_A/V	V_B/V	V_C/V	V_D/V	V_E/V	V_F/V	U_{AB}/V	U_{CD}/V	U_{DE}/V	U_{FA}/V	U_{AD}/V	I_1/mA	I_2/mA	I_3/mA
以 A 为参考点时														
以 D 为参考点时														

五、实验注意事项

测量电位时，数字直流电压表负极（黑色）接参考电位点，正极（红色）接被测各点。若电压表显示正值，则表明该点电位为正（即该点电位高于参考点电位）；若电压表显示负值，则表明该点电位为负（即该点电位低于参考点电位。）

六、思考题

若以 F 点为电位参考点，实验测得了各点的电位值；现令 E 点作为电位参考点，试问此时各点的电位值有何变化？

七、实验报告

通过实验结果，总结电位的相对性和电压的绝对性原理。

2.4 直流电源的特性及电源的等效变换

一、实验目的

(1)掌握电源外特性的测试方法。

(2)验证电压源与电流源等效变换的条件。

(3)深刻理解和掌握等效的概念。

二、实验原理

1. 直流稳压电源

直流稳压电源在一定的电流范围内,具有很小的内阻,故在实际应用时,可将它视为一个理想的电压源,即其输出电压不随负载电流而改变。其伏安特性曲线 $U=f(I)$ 是一条平行于 I 轴的直线,如图 2-4-1(a)所示。

恒流源在实际应用中,在一定的电压范围内,可视为一个理想的电流源,即其输出电流不随负载两端电压而改变。其伏安特性曲线是一条平行于 U 轴的直线,如图 2-4-1(b)所示。

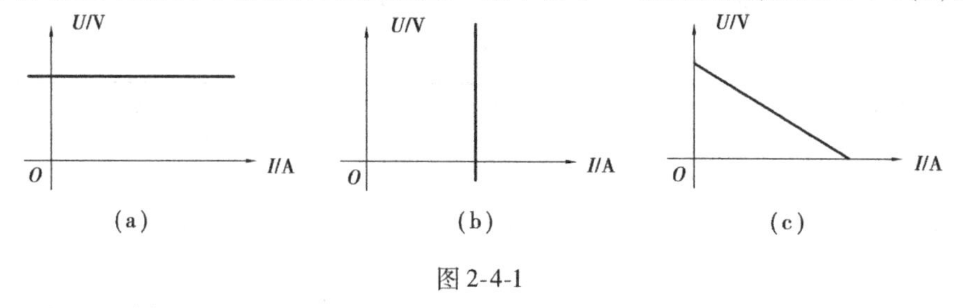

图 2-4-1

2. 实际电压源(或电流源)

实际电压源(或电流源)都具有一定的内阻,其端电压(或输出电流)随负载变化而改变。电压源端电压随电流 I 的增加而降低,电流源的输出电流 I 随端电压 U 的增加而下降。其伏安特性曲线是一条斜线,如图 2-4-1(c)所示。

实验中,用一个理想电压源 U_S 串联一个电阻 R_0,构成实际电压源模型;用一个理想电流源 I_S 并联一个电导 G_0,构成实际电流源模型,如图 2-4-2 所示。

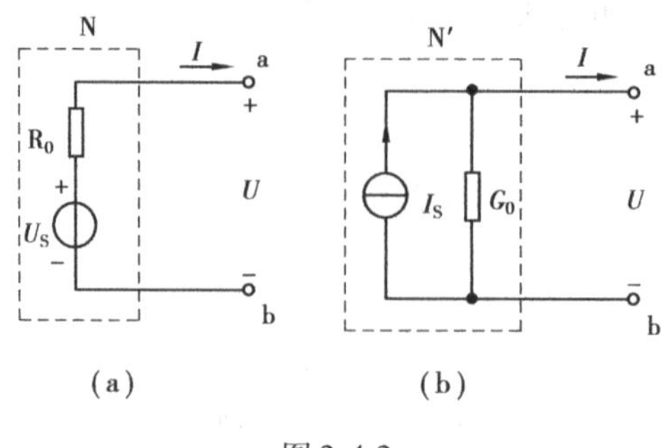

图 2-4-2

3. 单口网络间的伏安关系

如果一个单口网络 N 的伏安关系和另一个单口网络 N′的伏安关系完全相同，则这两个单口网络 N 和 N′便是等效的，如图 2-4-3 所示。这就是说两个单口网络等效的条件是它们的 VCR 完全相同。此外，外接任意一个外电路，两个端口的电压、电流对应相等。注意，并非只对某个或某些特定的外接电路端口的电压、电流对应相等的两个单口网络是等效的。

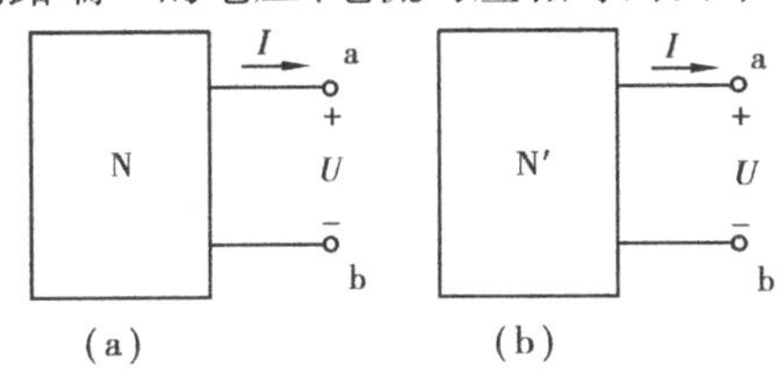

图 2-4-3

如图 2-4-2 所示，实际电压源模型和实际电流源模型的伏安关系分别为

$$U = U_S - R_0 I$$

$$U = \frac{1}{G_0}(I_S - I) = \frac{I_S}{G_0} - \frac{I}{G_0}$$

当 $U_S = \frac{I_S}{G_0}, R_0 G_0 = 1$ 时，N 和 N′的 VCR 完全相同，即两个网络等效。其中 $U_S = \frac{I_S}{G_0}, R_0 G_0 = 1$ 是两种实际电源模型进行等效变换的条件。

图 2-4-3 中，称网络 N 和网络 N′为内电路，称与之连接的其他电路为外电路。两个网络等效的意义是，网络 N 和网络 N′任意外接一个相同的电路，其外电路中任意一条支路上的电压、电流和功率都一一对应相等。特别注意，等效只对外电路而言，对内电路并不等效。

三、实验设备

本实验实验设备如表 2-4-1 所示。

表 2-4-1

序号	设备名称	型号与规格	数量
1	可调直流稳压电源	0 ~ 30 V	1
2	可调直流恒流源	0 ~ 200 mA	1
3	直流数字电压表	0 ~ 20 V	1
4	直流数字毫安表	0 ~ 200 mA	1
5	电阻	100 ~ 750 Ω	5

四、实验步骤

1. 作伏安特性曲线

根据图 2-4-4 所示，在九孔万能插件板上安装元件并接线。用直流数字电压表监测，将电压源的输出调为 12 V；将恒流源的输出调为 60 mA。测量理想电压源、电流源和实际电压源、电流源的伏安特性，将数据记入表 2-4-2 中，并作出理想电源、实际电源的伏安特性曲线。

表 2-4-2

$U_S=12\ \text{V}, I_S=60\ \text{mA}$

测量项目		R_L/Ω	0	100	220	330	510	750	∞
电压源（12 V）	$R_0=0$	U_a/V	/	/					
		I_a/mA	/	/					
	$R_0=220\ \Omega$	U_a/V							
		I_a/mA							
电流源（60 mA）	$R_0=\infty$（即断开）	U_b/V					/	/	/
		I_b/mA					/	/	/
	$R_0=220\ \Omega$	U_b/V							
		I_b/mA							

2. 验证电源的等效变换

比较实验中所测实际电压源和实际电流源的 VCR 数据，验证实际电源进行等效变换的条件。计算图 2-4-4 中各元件的功率，并将计算结果填入表 2-4-3 中。

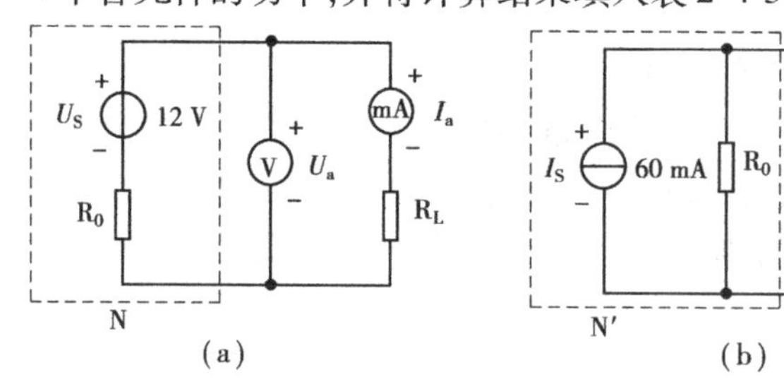

图 2-4-4

表 2-4-3

$U_S=12\ \text{V}, I_S=60\ \text{mA}, R_0=220\ \Omega, R_L=510\ \Omega$

计算值	电源产生的功率 P_S/W	电源损耗的功率 P_{R_0}/W	负载获得的功率 P_{R_L}/W
图 2-4-4(a)			
图 2-4-4(b)			

五、实验注意事项

实验中，一定要注意理想电源 R_L 的取值范围，并清楚了解为什么。

六、思考题

(1) 试举一例说明等效与置换的本质不同。

(2) 如图 2-4-5 所示的 3 个电路是否等效？

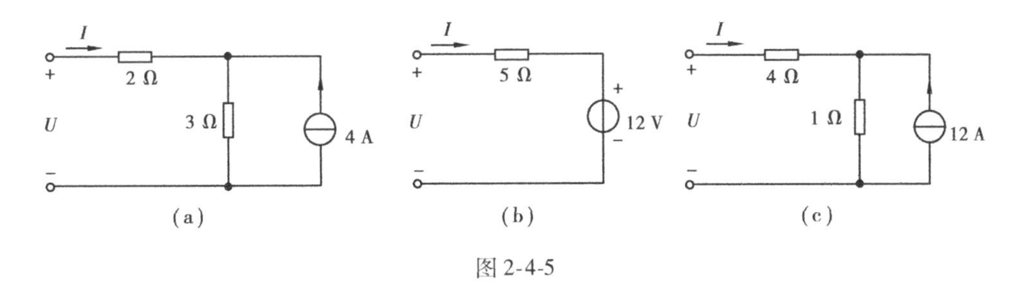

图2-4-5

七、实验报告

(1)由实验数据总结理想电源和实际电源的特性,并作出电压源(电流源)的外特性曲线。
(2)由实验数据,总结实际电源模型等效的条件、等效的对象。
(3)由实验数据验证功率守恒。

2.5　叠加定理的验证

一、实验目的

(1)验证线性电路叠加定理的正确性,加深对线性电路的叠加性的认识和理解。
(2)验证线性电路齐性定理的正确性,加深对线性电路齐次性的认识和理解。

二、实验原理

线性电路的叠加性是指,在有多个独立源共同作用的线性电路中,通过每一个元件的电流或其两端的电压,可以看成是由每一个独立源单独作用时在该元件上所产生的电流或电压的代数和。

线性电路的齐次性是指,当激励信号(某独立源的值)增加或减少 K 倍时,电路的响应(在电路中各电阻元件上所建立的电流和电压值)也将增加或减少 K 倍。

三、实验设备

本实验实验设备如表2-5-1所示。

表2-5-1

序号	设备名称	型号与规格	数量
1	可调直流稳压电源	0~30 V	1
2	可调直流恒流源	0~200 mA	1
3	直流数字电压表	0~20 V	1
4	直流数字毫安表	0~200 mA	1
5	电阻	510 Ω×3,1 kΩ×1,330 Ω×1	5

四、实验步骤

1. U_S、I_S 共同作用

根据图 2-5-1 所示，在九孔万能插件板上安装元件并接线。用直流数字电压表监测，将电压源的输出调节为 9 V，接入电路的 U_S 处；将恒流源的输出调节为 7 mA，接入电路的 I_S 处；用直流数字毫安表测各支路电流 I_1、I_2、I_3（毫安表的正负极取决于电路图中的箭头方向）；用直流数字电压表测各电阻元件两端的电压，数据记入表 2-5-2。

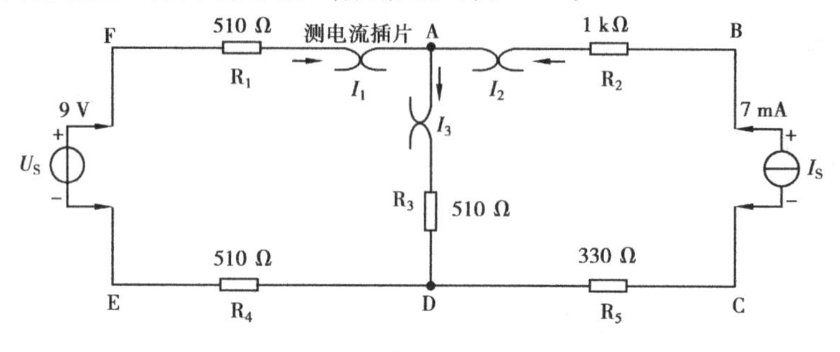

图 2-5-1

表 2-5-2

测量项目 / 实验内容	U_S /V	I_S /mA	I_1 /mA	I_2 /mA	I_3 /mA	U_{AB} /V	U_{CD} /V	U_{AD} /V	U_{DE} /V	U_{FA} /V
U_S、I_S 共同作用										
I_S 单独作用										
U_S 单独作用										
$2U_S$ 单独作用										

2. I_S 单独作用

根据图 2-5-2 所示，在九孔万能插件板上安装元件并接线。注意：电压源 U_S 不作用，是指去掉 U_S 后电路的空缺处用短路导线代替，而不是将 U_S 本身短路。重复实验步骤 1 中的测量，数据记入表 2-5-2。

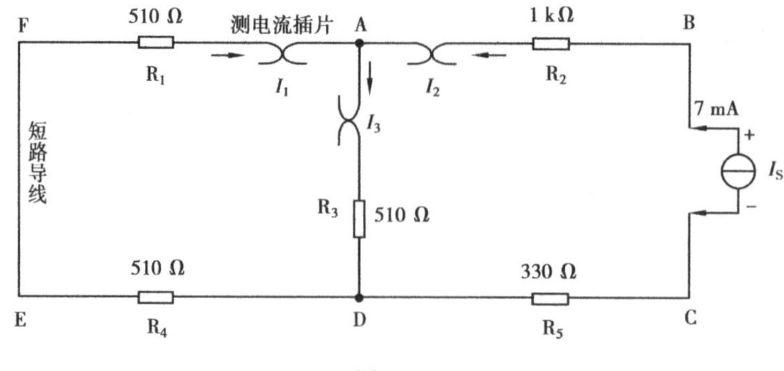

图 2-5-2

3. U_S 单独作用

根据图 2-5-3 所示，在九孔万能插件板上安装元件并接线。注意：恒流源 I_S 不作用，是指去掉 I_S 后，电路的空缺处不作任何处理。重复实验步骤 1，数据记入表 2-5-2。

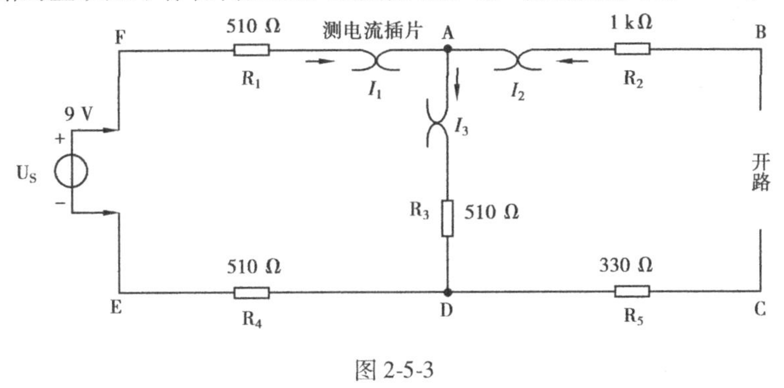

图 2-5-3

4. $2U_S$ 电源单独作用

将图 2-5-3 中的电压源输出调节为 18 V。重复实验步骤 1，数据记入表 2-5-2。

五、实验注意事项

用电流表测量各支路电流，或者用电压表测量电压时，应注意仪表的极性，并应正确判断测得值的“+”“-”。

六、预习思考题

(1)在叠加定理实验中，要令 U_S、I_S 分别单独作用，应如何操作？可否直接将不作用的电源 U_S、恒流源 I_S 短接置零？

(2)实验电路中，若将一个电阻器改为二极管，试问叠加定理的叠加性与齐次性还成立吗？为什么？

七、实验报告

根据实验数据进行分析、比较，归纳、总结实验结论，即验证线性电路的叠加性与齐次性。

2.6　戴维宁定理的验证及负载获得最大功率的条件

一、实验目的

(1)验证戴维宁定理的正确性，加深对该定理的理解。

(2)掌握测量有源二端网络等效参数的一般方法。

二、实验原理

1. 线性含源二端网络

对于任何一个线性含源二端网络而言，如果仅研究其中一条支路的电压和电流，则可将电路的其余部分看作一个有源二端网络(或称含源一端口网络)。

戴维宁定理指出,任何一个线性有源网络,总可以用一个等效电压源来代替,此电压源的电压 U_S 等于这个有源二端网络的开路电压 U_{OC},其等效内阻 R_0 等于该网络中所有独立源均置零(理想电压源视为短接,理想电流源视为开路)时的等效电阻。如图 2-6-1 所示,U_{OC}(U_S)和 R_0 称为有源二端网络的等效参数。

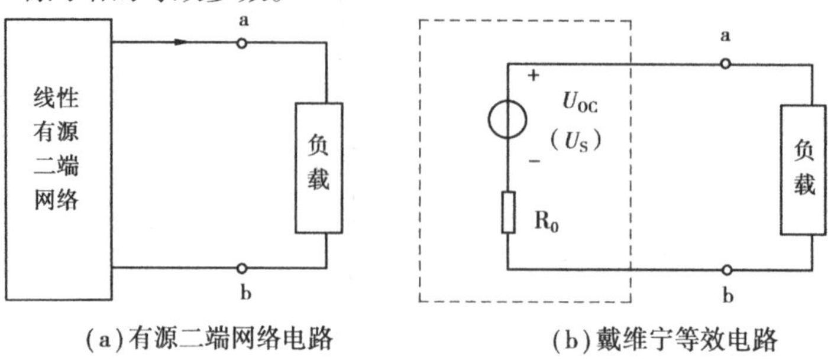

(a)有源二端网络电路　　(b)戴维宁等效电路

图 2-6-1

2. 有源二端网络等效参数的测量

(1)开路电压、短路电流法

在有源二端网络输出端处于开路状态时,用电压表直接测其输出端的开路电压 U_{OC},然后再将其输出端短路,用电流表测其短路电流 I_{SC},则等效内阻为

$$R_0 = \frac{U_{OC}}{I_{SC}}$$

如果有源二端网络的内阻很小,若将其输出端短路则易损坏其内部元件,因此不宜用此法测等效内阻。

(2)伏安法

用电压表、电流表测出有源二端网络的外特性曲线,如图 2-6-2 所示。根据外特性曲线求出斜率 $\text{tg}\,\varphi$,则内阻为

$$R_0 = \text{tg}\,\varphi = \frac{\Delta U}{\Delta I}$$

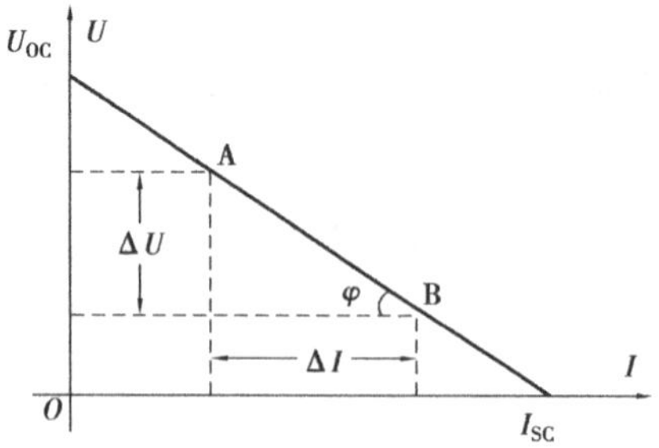

图 2-6-2

也可以先测量开路电压 U_{OC},再测量电流为额定值 I_N 时的输出端电压值 U_N,则内阻为

$$R_0 = \frac{U_{OC} - U_N}{I_N}$$

(3)半电压法

如图 2-6-3 所示,当负载电压为被测有源网络开路电压的一半时,负载电阻即为被测有源二端网络的等效内阻。

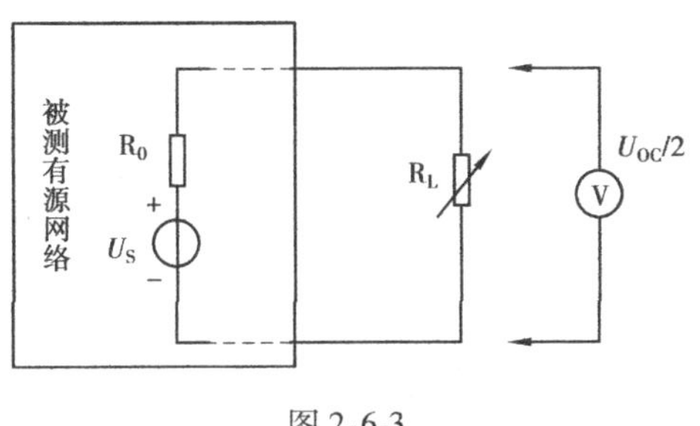

图 2-6-3

(4)零示法

在测量具有高内阻有源二端网络的开路电压时,用电压表直接测量会造成较大的误差。为了消除电压表内阻的影响,往往采用零示法测量,如图 2-6-4 所示。

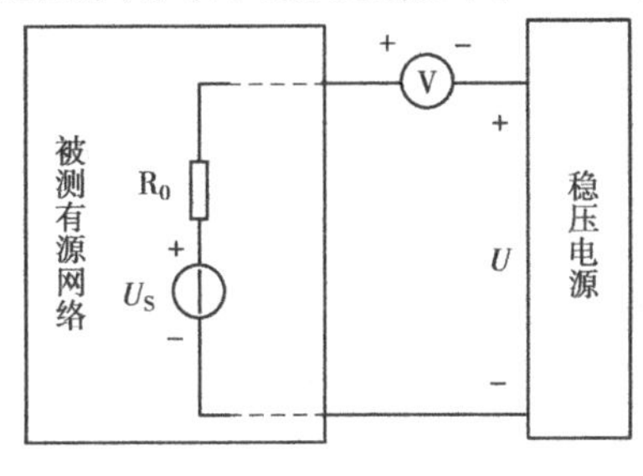

图 2-6-4

零示法的原理是用一低内阻的稳压电源与被测有源二端网络进行比较。当稳压电源的输出电压与有源二端网络的开路电压相等时,电压表的读数将为"0",然后将电路断开,此时测得的稳压电源的输出电压,即为被测有源二端网络的开路电压。

3. 负载获得最大功率的条件

在图 2-6-3 中,调节负载电阻 R_L,测量其电压、电流,当 $R_L = R_0$ 时,测得的电压与电流的乘积即 R_L 的功率最大,也即 $R_L = R_0$ 是负载获得最大功率的条件。

三、实验设备

本实验实验设备如表 2-6-1 所示。

表 2-6-1

序号	设备名称	型号与规格	数量
1	可调直流稳压电源	0 ~ 30 V	1
2	可调直流恒流源	0 ~ 200 mA	1
3	直流数字电压表	0 ~ 20 V	1
4	直流数字毫安表	0 ~ 200 mA	1
5	电阻	510 Ω × 2,10 Ω × 1,330 Ω × 1	4

四、实验步骤

1. 九孔万能插件板上元件的连接

根据图 2-6-5 在九孔万能插件板上安装元件并接线。用直流数字电压表监测,将电压源的输出调节为 12 V,接入电路的 U_S 处;将恒流源的输出调节为 10 mA,接入电路的 I_S 处。

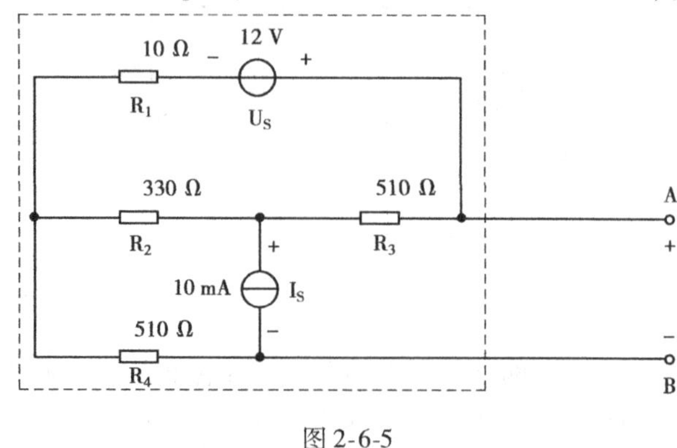

图 2-6-5

2. 有源二端网络的 U_{OC} 和 I_{SC} 的测量

用开路电压、短路电流法测量有源二端网络的 U_{OC} 和 I_{SC}。在图 2-6-5 中,用电压表测量 A、B 的电压即可测定 U_{OC};用毫安表测量 A、B 的电流(相当于网络短路)即可测定 I_{SC}。根据欧姆定律计算出 R_0(四舍五入取整),完成表 2-6-2 和表 2-6-3。

表 2-6-2

U_S = 12 V　　　I_S = 10 mA

U_{OC}/V	I_{SC}/mA	R_0/Ω

表 2-6-3

U_{OC} = ________ V, R_0 = ________ Ω

测量	R_L/Ω	∞	1 000	R_0/Ω	220	0
图 2-6-6(a)	U/V					
	I/mA					
图 2-6-6(b)	U/V					
	I/mA					
计 算	P_L/W					

注意:图中电阻 R_0 如果没有合适的固定电阻,可用其他几只电阻串并联后得到。

3. 负载实验

按图 2-6-6(a)所示将负载电阻 R_L 接入电路。改变 R_L 阻值(R_L 的取值范围见表 2-6-3),测量对应于各不同负载时的端口电压和端口电流,记入表 2-6-3 中。

4. 戴维宁定理的验证

将直流稳压电源的输出电压调为表 2-6-2 所测得的开路电压 U_{OC},按图 2-6-6(b)在九孔万能插件板上安装元件并接线。依照步骤 3 测其外特性,对戴维宁定理进行验证,并计算各对应功率 P_L(小数点后保留 3 位),完成表 2-6-3。

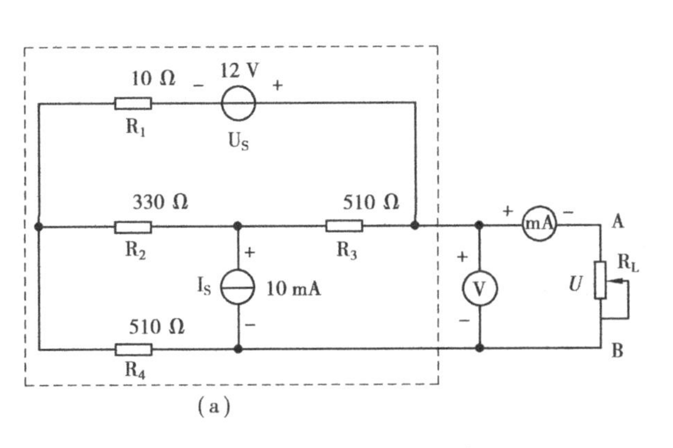

(a)

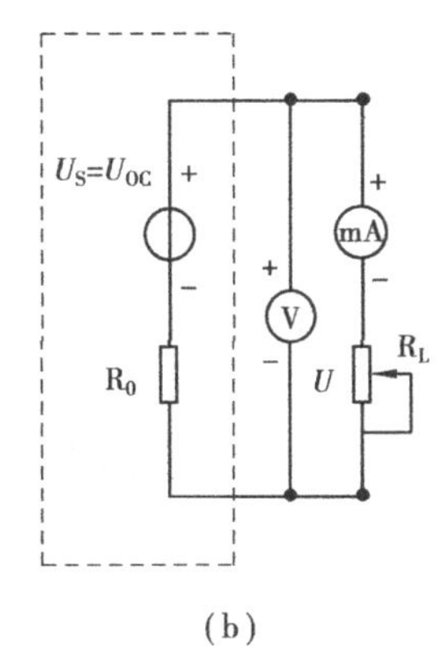

(b)

图 2-6-6

五、实验注意事项

(1)用零示法测量 U_{OC}时,应先将稳压电源的输出调至接近于 U_{OC},再按图 2-6-4 测量。

(2)改接线路时,要关掉电源。

(3)请实验前对图 2-6-5 所示线路预先作好计算,以便调整实验线路。

六、预习思考题

(1)在求戴维宁等效电路时,做短路实验测 I_{SC}的条件是什么?在本实验中可否直接做负载短路实验?

(2)说明测有源二端网路开路电压及等效内阻的几种方法,并比较它们的优缺点。

七、实验报告

(1)根据实验数据总结实验结论,即验证戴维宁定理的正确性。

(2)根据计算功率 P_L 的数据验证负载 R_L 获得最大功率的条件。

2.7　典型电信号的观察与测量

一、实验目的

(1)熟悉任意波形信号发生器各旋钮、按键的作用及使用方法。

(2)初步掌握用示波器观察电信号波形,定量测出正弦信号和方波脉冲信号的波形参数的方法。

二、实验原理

1. 正弦信号和方波脉冲信号

正弦信号和方波脉冲信号是常用的电激励信号,由任意波形信号发生器提供。正弦信号的波形参数是峰值 U_m、周期 T(或频率 f)和初相;脉冲信号的波形参数是峰值 U_m、周期 T 及脉宽 t_k。

2. 电子示波器

电子示波器是一种电信号图形观测仪器,可测量出电信号的波形参数。示波器分为模拟示波器和数字示波器两种。模拟示波器可以根据显示屏的 Y 轴刻度尺并结合其量程分挡选择开关(Y 轴输入电压灵敏度 V/div 分挡选择开关)读得电信号的峰值;根据显示屏的 X 轴刻度尺并结合其量程分挡(时间扫描速度 t/div 分挡)选择开关,读得电信号的周期、脉宽、相位差等参数。数字示波器可以通过测试功能直接数显数据。为了完成不同波形、不同要求的观察和测量,它还有一些其他的调节和控制旋钮,可以在实验中加以摸索和掌握。

一台双踪示波器可以同时观察和测量两个信号的波形和参数。

三、实验设备

本实验实验设备如表 2-7-1 所示。

表 2-7-1

序号	设备名称	型号与规格	数量
1	双踪示波器	GDS-1072B	1
2	任意波形信号发生器	AFG-2225	1

四、实验步骤

1. 正弦信号的观察与测量

①通过探头,将任意波形信号发生器的输出与示波器的 CH1 或 CH2 端相连,注意两根探头要"红红夹子相连,黑黑夹子相连"(俗称共地)。

②接通任意波形信号发生器的电源,选择正弦波输出。通过相应调节,使输出频率为 1 kHz,再使输出电压为有效值(V_{RMS})1.414 V。

③调节示波器上的相应旋钮,在显示屏上得到合适的正弦波波形,使示波器上显示的波形一个周期左右占 2 格,上下占 4 格。从显示屏上读得幅值及周期,记入表 2-7-2。

2. 方波脉冲信号的观察和测量

①选择任意波形信号发生器为方波输出,设置方波的输出电压为峰值 $U_m=3V_P$,频率为 5 kHz。

②调节示波器上的相应旋钮,在显示屏上得到合适的方波波形,使示波器上显示的波形一个周期左右占 4 格,上下占 3 格。从显示屏上读得幅值及周期,记入表 2-7-2。

表 2-7-2

信号幅值的测定			信号频率的测定		
仪表测量值	正弦波	方波	仪表测量值	正弦波	方波
$\frac{V}{div}$位置			$\frac{s}{div}$位置		
峰峰值格数			一个周期格数		
峰峰值			周期 T/ms		
计算有效值 U			计算频率 f/kHz		

五、实验注意事项

(1)调节仪器旋钮时,动作不要过快、过猛。

(2)为防止外界干扰,信号发生器的接地端(探头黑夹子)与示波器的接地端(探头黑夹子)要相连(称“共地”)。

(3)实验前认真阅读 AFG-225 型信号发生器和 GDS-1072B 型示波器的使用说明书。

六、思考题

(1)示波器面板上“s/div”和”“V/div”的含义是什么?

(2)应用双踪示波器观察到如图 2-7-1 所示的两个波形,CH1 和 CH2 轴的“V/div”的指标均为 0.5 V,“s/div”指示为 20 μs,试写出这两个波形信号的波形参数。

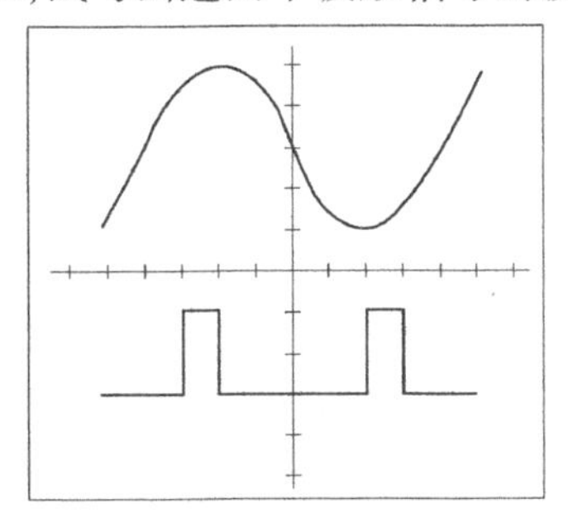

图 2-7-1

【知识窗】

仪器使用

(一)GDS-1072B 型示波器

1. 前面板

GDS-1072B 型示波器的前面板如图 2-7-2 所示。

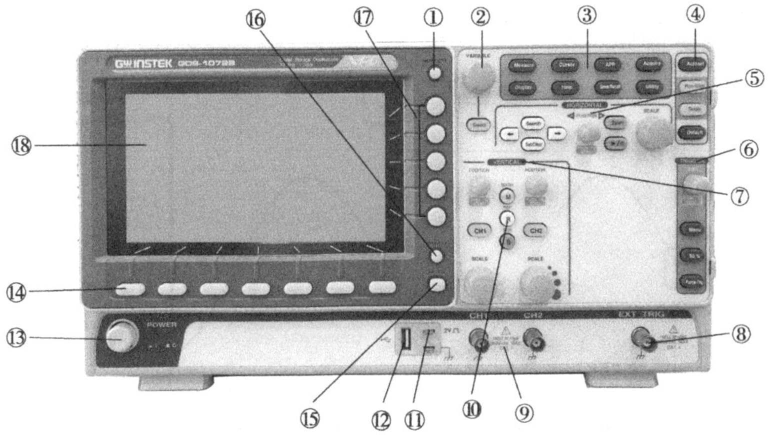

图 2-7-2　前面板

【1】硬拷贝键(HARDCOPY):具有保存或打印功能,与“【3】常用功能键”和“【12】USB主机端口”配合使用。

(本学期实验不用该功能)

【2】可调旋钮(万能旋钮)和选择键:常与“【3】常用功能键”中的各个系统以及“【14】底部菜单键”“【17】侧菜单键”配合使用。

可调旋钮(VARIABLE):示波器操作中一个非常有用的旋钮。其功能如下:

- 调节波形亮度;
- 光标测量中调节光标位置;
- 示波器各系统中调节菜单的选项;
- 存储系统中,调节存储/调出设置、波形、图像的存储位置。

选择键(Select):调节可调旋钮选择参数类型后,按下选择键进行选择确认。

【3】常用功能键

输入和配置不同功能。该部分在“4. 常用功能”详细介绍。

【4】、【5】、【6】、【7】、【10】为控制系统,该部分在“3. 控制系统”部分详细介绍。

【8】外部触发输入(EXT TRIG):外部触发源的输入连接器。(本学期实验不用该通道)

【9】模拟通道输入(CH1、CH2):用于显示波形的输入连接器。在实验中,所有实验的被测信号都由这两个通道送入。

【11】探头校准输出:初次启用示波器时,进行探针补偿或实验中检测探头好坏。

【12】USB主机端口:用于数据传输,与“【1】硬拷贝键”配合使用。

【13】电源按钮:开启或关闭示波器。

【14】、【17】底部菜单键、侧菜单键:操作位于显示器面板底部的7个底部菜单键选择菜单项。操作面板侧面的侧面菜单键从菜单中选择某一个变量或选项。

【15】选项键(Option Key):本学期实验所用型号示波器不支持该功能。

【16】关闭菜单键(Menu off Key):隐藏屏幕菜单系统。

【18】显示屏:显示波形及参数。每个信号波形用纯色显示,用不同颜色对不同波形加以区分。CH1波形为黄色,CH2波形为蓝色,参考波形为灰色,数学运算波形为红色。

2. 用户界面

GDS-1072B型示波器的用户界面如图2-7-3所示。

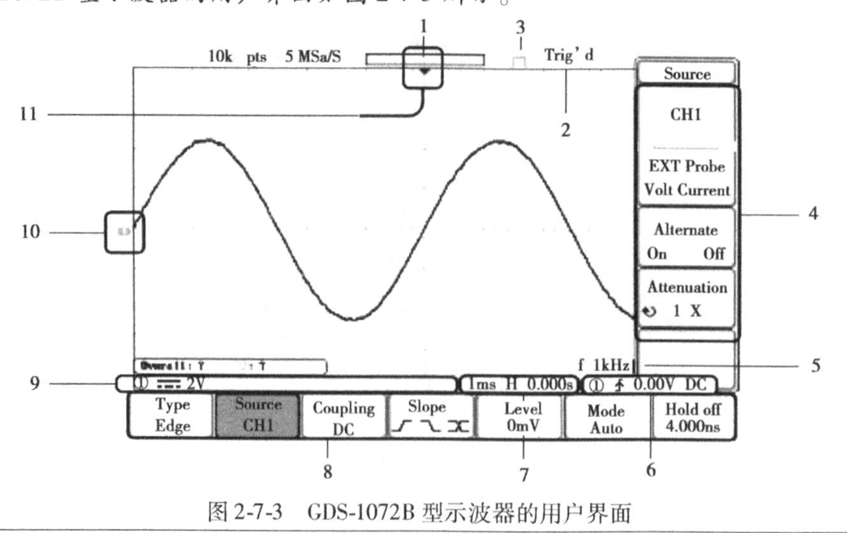

图2-7-3 GDS-1072B型示波器的用户界面

【1】记忆棒:左侧显示存储器长度和采样率。

【2】触发状态:正常状态下,触发状态应显示“Trig' d”,如果波形不能正常显示,务必观察该指标。触发状态的指标显示表示的意思如表2-7-3所示。

表2-7-3 触发状态的指标显示表示的意思

指标显示	表示的意思
Trig' d	已触发
PrTrig	预触发
Trig?	未触发,显示未更新
Stop	停止触发
Roll	滚动模式
Auto	自动触发模式*

*:示波器处于自动模式并在无触发状态下采集波形。

【3】采样方式。

图标表示的意思如下:

- ——正常(采样)模式;
- ——峰值侦测模式;
- ——平均模式。

采样方式一般设置为采样模式,信号幅度较小时可用平均值模式以观察到更佳波形。

【4】侧菜单。

【5】波形频率:双通道显示波形时,该频率为触发源频率。

【6】触发设置:图标或读数显示某些触发设置指标。

【7】水平状态:以读数显示时基(时间坐标刻度)和水平位置。

【8】底部菜单。

【9】通道状态:图标或读数显示当前通道信源、耦合方式、电压坐标刻度等参数。

【10】垂直位置:图标显示信号波形在垂直方向上下展开的起始位置。

【11】水平位置:图标显示信号波形在水平方向左右展开的起始位置。

3. 控制系统

控制系统有垂直控制系统、水平控制系统、触发控制系统和执行控制系统。

(1)垂直控制(VERTICAL)

垂直控制可用来显示波形、调整垂直刻度(电压坐标刻度)和位置、设置耦合方式。每个通道都有单独的垂直菜单,能单独进行设置。在垂直控制区有一系列的按键、旋钮,如图2-7-4所示。

①V/div:调整纵坐标上每一格所表示的电压值。顺时针旋转增大,逆时针旋转减小。改变垂直刻度会导致波形在垂直方向扩张或收缩。

调节范围为1 mV/div~10 V/div,1-2-5增量。该值显示在用户界面【9】。

②垂直位置:旋转调整波形在显示界面中的上、下位置。按一下可设置垂直位置到零。

③CH1(和CH2):垂直系统菜单控制键。按下打开菜单,再次按下关闭菜单。菜单内容见表2-7-4。

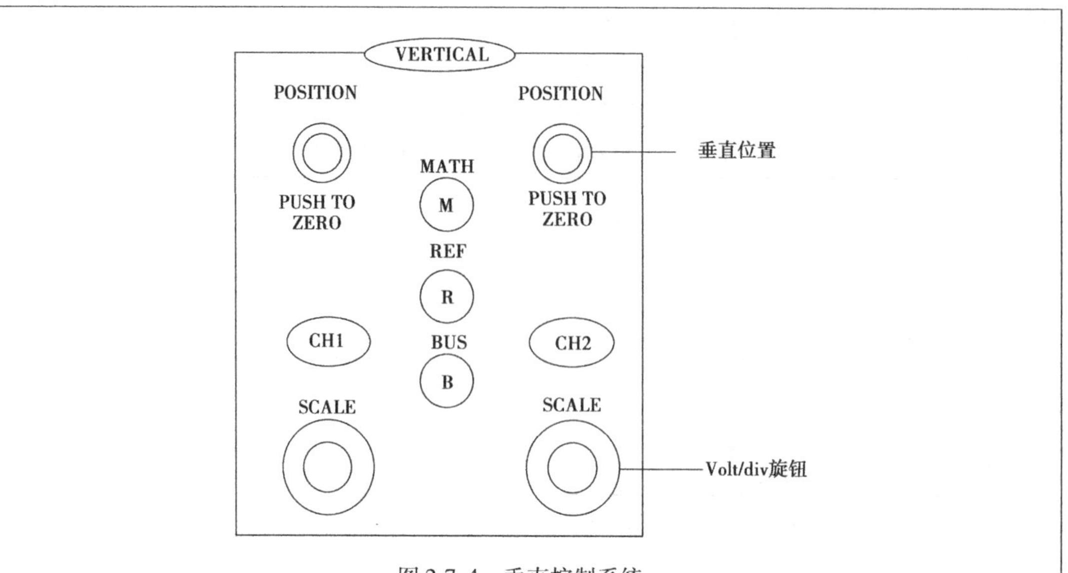

图 2-7-4　垂直控制系统

表 2-7-4　CH1,CH2 功能菜单

选项	设置	说明	备注
耦合	直流、交流、地	直流既通过输入信号的交流分量,又通过它的直流分量;交流会阻碍输入信号的直流分量和低于 10 Hz 的衰减信号;(接)地会断开输入信号	实验时用直流或交流
输入阻抗	1 MΩ	输入阻抗为 1 MΩ	实验时不用设置
反转	开、关	打开反相功能;关闭反相功能	不用设置,默认关闭
带宽	全带宽 20 MHz	限制带宽,以便减小显示噪声;过滤信号,减小噪声和其他。范围:Full,20 MHz	默认设置即可
扩大	中央、底部	垂直刻度变化时,由中央展开方式可以看到一个信号是否有电压偏置,由底部展开是默认设置	默认设置即可
探针类型	电压、电流	信号探头可设置为电压或电流	多设置为电压
探针衰减	—	使其与所使用的探头类型相匹配,以确保获得正确的垂直读数,范围:1 mX ~ 1 kX (1-2-5 增量)	一般多用 1X
偏斜校正(抗扭斜)	—	用于补偿示波器和探头之间的传播延迟,范围:-50 ns ~ 50 ns,10 ps 增量,默认设置为 0 s	默认设置即可

④MATH 功能:数学运算(MATH)功能显示 CH1、CH2 通道波形相加、相减、相乘、相除等运算的结果。

按下【M】按钮选择波形的各种数学运算方式。再次按下【M】按钮可以取消波形运算。相关运算形式见表 2-7-5。

表 2-7-5　数学计算功能说明

运算	设置	说明	备注
+	CH1 + CH2	通道 1 的波形与通道 2 的波形相加	常用
−	CH1 − CH2	通道 1 的波形减去通道 2 的波形	
	CH2 − CH1	通道 2 的波形减去通道 1 的波形	不常用
*	CH1 * CH2	通道 1 的波形与通道 2 的波形相乘	不常用
不常用	CH1/CH2	通道 1 的波形除以通道 2 的波形	
	CH2/CH1	通道 2 的波形除以通道 1 的波形	

⑤REF 功能：按下【REF】按钮设置或删除参考波形。在实际测试过程中，可以把波形和参考波形样板进行比较，从而判断故障原因，此法在具有详尽电路工作点参考波形条件下尤为适用。

⑥BUS 功能：本学期实验所用型号示波器不支持该功能。

(2) 水平控制(HORIZONTAL)

水平控制可用来设置水平刻度(时间坐标刻度)，水平位置和波形显示模式。在水平控制区(HORIZONTAL)有一系列的按键、旋钮，如图 2-7-5 所示。

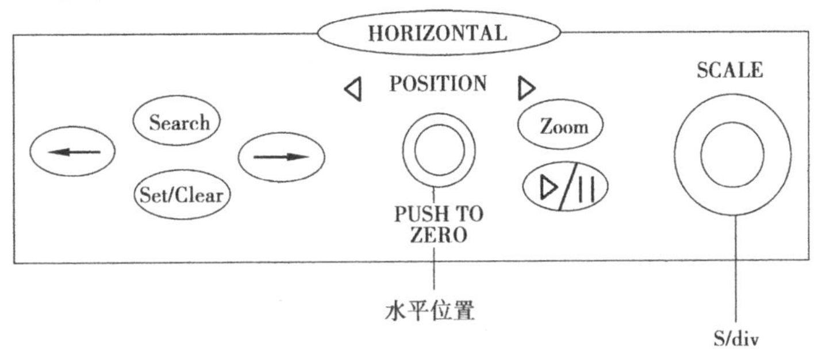

图 2-7-5　水平控制系统

①S/div：调整横坐标上每一格所表示的时间值。改变水平刻度会导致波形在水平方向扩张或收缩。

②水平位置：旋转调整波形在显示界面中的左、右位置。按下可设置水平位置到零。

③Zoom 按钮：与 S/div 旋钮、可调旋钮配合使用，可将波形局部放大。缩放模式下，屏幕被分成两部分。显示器的顶部显示完整的记录长度，屏幕下方显示正常视图。

(3) 触发控制

触发器将确定示波器开始采集数据和显示波形的时间。正确设置触发器后，示波器就能将不稳定的显示结果或空白显示屏转换为有意义的波形。

如图 2-7-6 所示，在触发控制区(TRIGGER)有 1 个旋钮、3 个按键。

①Menu：按下则调出触发菜单，菜单项见表 2-7-6。

②50%：使用此按钮可以快速稳定波形。示波器可以自动将触发电平设置为大约是最小和最大电压电平间的一半。

③Force-Trig：无论示波器是否检测到触发，都可以使用该按钮完成当前波形采集。

④LEVEL 旋钮：触发电平设定触发点对应的信号电压，以便进行采样。按下“LEVEL”旋

钮可使触发电平归零。

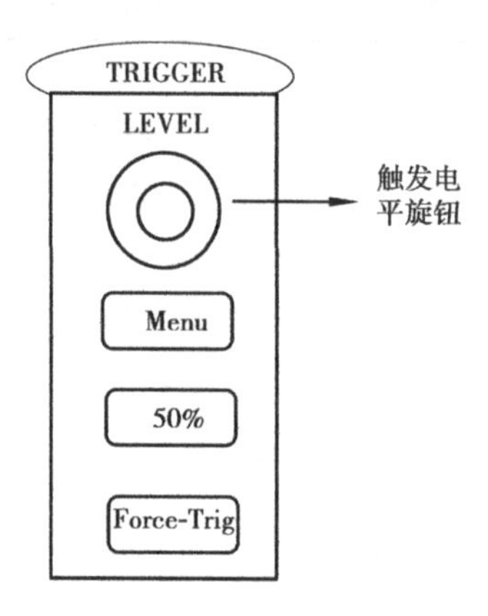

图 2-7-6　触发控制系统

表 2-7-6　触发菜单项

选项	设置	说明	备注
类型	边沿、延迟、脉冲宽度、视频、其他	边沿触发是最简单的触发方式，当信号的振幅临界具有正或负斜率时触发触发器；需在很长的一系列触发精确定位时用延迟；信号脉宽与一个指定脉宽比较用脉宽触发；从视频格式信号提取同步脉冲，并触发特定的某一行或字段时用视频	一般用边沿，其他几种类型本学期实验不涉及
信号源	CH1、CH2、外部触发、交流电源	外部触发和交流电源本学期实验不涉及	实验时用 CH1 或 CH2
耦合	直流、交流、高频抑制、低频抑制、噪声抑制	直流：允许通过信号的直流和交流成分； 交流：阻止直流成分通过； 高频抑制：抑制频率高于 70 kHz 的信号； 低频抑制：抑制频率低于 70 kHz 的信号； 噪声抑制：避免噪声触发	实验时一般选直流、交流或高频抑制
斜率	上升沿、下降沿、任意	从哪种边沿触发，上升沿：_/‾；下降沿：‾_；任意：X	实验时选上升沿或下降沿
准位	0 V、其他	波形垂直位置的电压电平大小	一般设置为零
模式	自动、正常、单次	自动：未触发时，产生内部触发以确保波形不断更新，在较慢的时基下观察滚动波形时，选择此模式；正常：获取当触发发生时的波形；单次：按控制系统的 Single 获得一个波形即停止	多设置为正常

(4)执行控制

执行控制系统如图 2-7-7 所示。

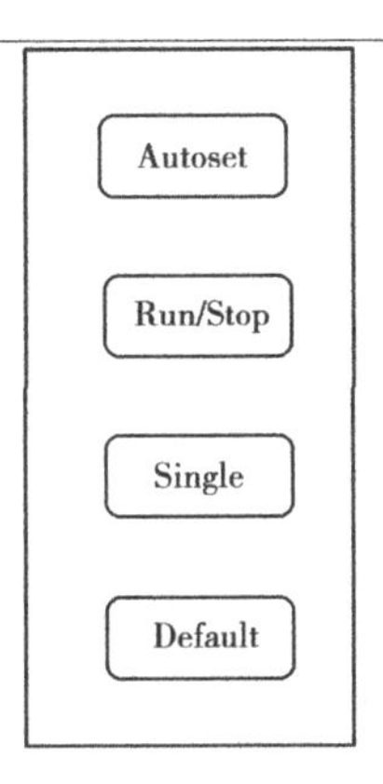

图 2-7-7　执行控制系统

自动设置键(Autoset):根据输入的信号,可自动调整电压挡位、时基以及触发方式以显示波形最好形态。这是非常有用的一个功能,可快速自动调节波形显示。但当信号幅度较小或双通道显示波形时,手动调节更佳。

运行/停止键(Run/Stop):停止或继续(运行)信号采集。

单次(触发)键(Single):设置采集模式为单次触发模式。

默认(出厂)设置键(Default):重置示波器的默认设置。

4. 常用功能

示波器常用功能按钮如图 2-7-8 所示。

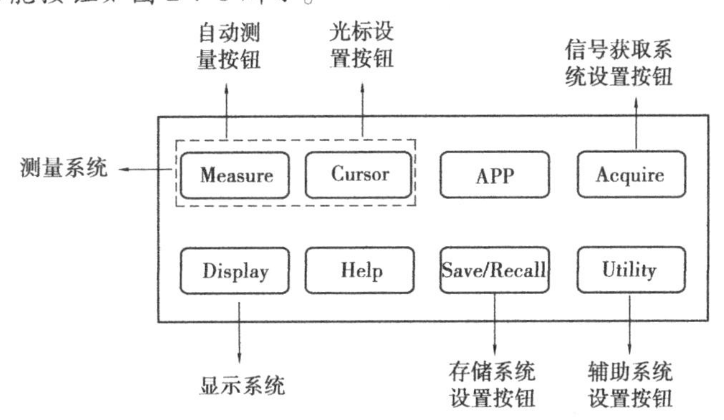

图 2-7-8　常用功能

(1)测量系统

①"Measure"为自动测量的功能按键。

采用自动测量,示波器会为用户进行所有的计算。按下"Measure"进入测量功能选择,再次按下退出。按下"Measure",弹出底部菜单,常用底部菜单项见表 2-7-7。

表 2-7-7　自动测量底部菜单项

选项	说明	备注
选择测量	按下底部菜单对应按钮,在侧菜单有 3 种测量类型可选:电压/电流测量、时间测量、延迟测量;共 36 种参数类型;一次最多可添加 8 种,显示于屏幕底部	常用

续表

选项	说明	备注
删除测量	按下底部菜单对应按钮,从侧菜单“选择测量”进入删除某一测量选项;或从“删除全部”进入删除全部测量数据	常用
显示全部	按此按钮在屏幕上显示全部测量数据	

电压测量和时间测量是本课程实验测量中最常用的,其子菜单见表 2-7-8 和 2-7-9。

表 2-7-8　电压测量子菜单

选项	设置	说明
(类型)	峰峰值、最大值、最小值、振幅、高值、低值、平均、周期平均、均方根值、周期均方根、区域、周期区域、上升过激、下降过激、上升前激、下降前激	子菜单弹出,“Select”键亮,旋转可调(万能)旋钮选择电压测量参数类型
信号源一	CH1、CH2、Math	选择电压测量的信源,多用 CH1、CH2

电压测量中最常被测量的量是最大值、均方根(交流有效值)。

表 2-7-9　时间测量子菜单

选项	设置	说明
(类型)	频率、周期、上升时间、下降时间、正向脉宽、负向脉宽、占空比、正脉冲个数、负脉冲个数、上升边沿个数、下降边沿个数	子菜单弹出,“Select”键亮,旋转可调(万能)旋钮选择时间测量参数类型
信号源一	CH1、CH2、Math	选择时间测量的信源

时间测量中最常被测量的是周期和频率。

操作方法举例:

若自动测量 CH1 信源均方根值,操作如下:

a. 按“Measure”按钮进入自动测量功能,弹出底部菜单;

b. 按底部菜单第一个选项按钮“选择测量”,弹出侧菜单;

c. 按下侧菜单“电压/电流”对应的选项按钮进入电压测量子菜单;

d. 旋转可调旋钮选择要测量的电压参数类型;

e. 按“信号源一”选项按钮,根据信号输入通道选择对应的 CH1 或 CH2 通道;

f. 按“Select”键确认,此时,相应的图标和参数值会显示在显示屏底部。

其他参数测量,其操作类似。

若删除测量某一个数据,操作如下:

a. 按“Measure”按钮进入自动测量功能,弹出底部菜单;

b. 按底部菜单第二个选项按钮“删除测量”,弹出侧菜单;

c. 按下侧菜单“选择测量”对应的选项按钮进入子菜单;

d. 旋转可调旋钮选择要删除的参数；

e. 按“Select”键确认，此时，相应的图标和参数值会消失于显示屏底部。

②光标测量

“Cursor”为光标测量的功能按键。光标测量有两种方式：手动方式、自动方式。

自动方式：“Acquire”信号获取系统设置为 XY 模式下，启用光标测量，此时，系统会显示对应的光标以揭示测量的物理意义。系统会根据信号的变化，自动调整光标位置，并计算相应的参数值显示于屏幕右侧。

手动方式：手动方式分为水平光标和垂直光标两种。水平或垂直光标用于显示波形的测量和数学运算结果的位置等。这些结果涵盖电压、时间、频率等数学运算。当光标（水平、垂直或二者）被激活时，它们将在屏幕上显示，直到手动关闭。手动光标测量一对水平或垂直的坐标值及两光标间的增量。测量时，使用可变旋钮来移动水平光标和垂直光标。

Ⅰ. 水平光标操作步骤：（旋转可变旋钮左右移动光标）

a. 按“Cursor”键 1 次进入光标功能菜单。

b. 反复按“水平光标”对应按钮或“Select”键切换类型，分别是左光标移动，右光标位置固定；右光标移动，左光标位置固定；左右光标一起移动。

c. 测量数据显示在屏幕左上角，包括时间、电压/电流、光标差值等。

d. 按“水平单位”对应按钮选择单位。

Ⅱ. 垂直光标操作步骤：（旋转可变旋钮上下移动光标）

a. 连按“Cursor”键 2 次进入光标功能菜单。

b. 反复按“垂直光标”对应按钮或“Select”键切换类型，分别是：上光标移动，下光标位置固定；下光标移动，上光标位置固定；上下光标一起移动。

c. 测量数据显示在屏幕左上角，包括时间、电压/电流、光标差值等。

d. 按“水平单位”对应按钮选择单位。

（2）信号获取系统

“Acquire”为信号获取系统的功能按键，其功能菜单如表 2-7-10 所示。

表 2-7-10　信号获取系统的功能菜单

选项	设定	说明	备注
模式	采样	用于采集和精确显示多数波形	多设定为“采样”
	峰值侦测	用于检测毛刺并减少“假波现象”的可能性	
	平均	用于减少信号显示中的随机或不相关的噪声，其子菜单平均次数（2、4、8、16、32、64、128、256）越大，波形越稳定	
设置水平位置到零秒		按下设置波形水平位置到零秒	
XY	关闭（YT） 被触发的 XY	XY 模式用于观察波形之间的相位关系；参考波形也可以在 XY 模式下使用；光标测量也可在 XY 模式下使用	本学期实验常用 YT 模式

续表

选项	设定	说明	备注
记录长度	1 K点、 10 K点、 100 K点、 1 M点、 10 M点	记录长度设置可存储的样本数;最大记录长度取决于操作模式	一般设置为“10 K点”或“100 K点”

(3)显示系统

“Display”为显示系统的功能按键,其功能菜单如表2-7-11所示。

表2-7-11 显示系统功能菜单

选项	设定	说明	备注
类型	向量点	采样点之间通过连线方式显示;采样点间显示没有插值连线	实验中多用“向量”
持续性	Off …1 s、2 s、4 s… Infinite	设定保持每个显示的取样点显示的时间长度	实验中多用“Off”
强度		设置波形亮度、格线强度、背光强度	
格线		设置格线类型	

(4)存储系统

“Save/Recall”为存储系统的功能按键。(本学期实验不用该功能)

(5)辅助系统

“Utility”为辅助系统功能按键。示波器显示语言种类在该菜单下设置。

语言选择操作步骤:

a. 按下“Utility”按钮,然后按底部菜单“Language”对应按钮,弹出侧菜单。

b. 按下侧菜单相应按钮弹出子菜单,旋转可调旋钮选择语言种类,按下“Select”确认即可。

(二)AFG-2225型任意波形信号发生器

1. 用户界面及控制面板

AFG-2225型任意波形信号发生器的用户界面如图2-7-9所示。

用户界面为仪器前面板左侧LCD显示屏,用户界面信息主要分为三部分。CH1、CH2的通道状态和菜单项。用户界面信息可供用户快速获取信号发生器当前产生信号的一些主要参数,但是精确观察波形及参数测量还需要通过示波器。

“当前通道设置状态”下“CH1”表示信源,“OFF”表示该信源目前是关闭状态,开机时,默认状态“OFF”;该状态需显示“ON”,信号发生器才打开波形输出,通过控制面板“OUTPUT”输出键设置该状态。

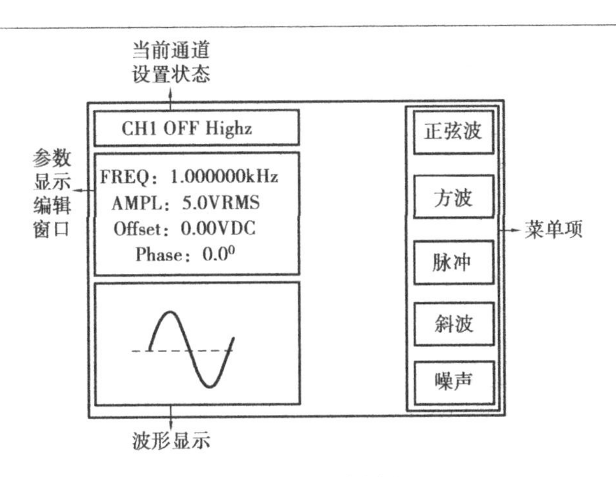

图2-7-9 用户界面

"Highz"代表信号发生器的输出阻抗设置为高阻。本学期用信号发生器的输出阻抗可从通道切换键进入设置为"50 Ω"和"Highz"两种状态,为与示波器输入阻抗匹配,设置为"Highz"以免信号幅度产生较大误差。

"参数显示和编辑窗口"显示信号的频率、幅度、直流偏移、相位等参数。"波形显示"部分显示一个周期信号波形。"菜单项"可最多同时显示五项参数,通过操作控制面板功能键进行参数选择。

AFG-2225型任意波形信号发生器的控制面板如图2-7-10所示。

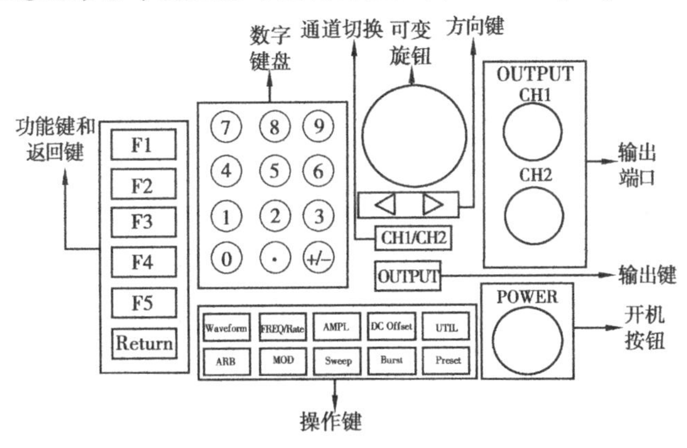

图2-7-10 控制面板

控制面板包括一系列的功能键和操作键,通过它们来设置信号发生器产生信号种类、参数及通道状态等。控制面板各按键、旋钮的作用如表2-7-12所示。

表2-7-12 控制面板各按键、旋钮的作用

名称	功能	说明	备注
F1—F5	功能键	用于功能激活,与菜单项配合使用	常用
Return	返回键	返回上一级菜单	
Waveform	操作键	用于选择波形类型,可产生正弦波、方波、脉冲、斜波、噪声等五种信号波形	常用
FREQ/Rate		用于设置频率或采样率,最大频率可设置到15 MHz	常用

续表

<table>
<tr><th>名称</th><th>功能</th><th>说明</th><th>备注</th></tr>
<tr><td>AMPL</td><td rowspan="7">操作键</td><td>用于设置波形幅值</td><td>常用</td></tr>
<tr><td>DC Offset</td><td>设置直流偏移</td><td></td></tr>
<tr><td>UTIL</td><td>用于进入系统设置等,设置语言种类由此进入</td><td></td></tr>
<tr><td>ARB</td><td>用于设置任意波形参数</td><td></td></tr>
<tr><td>MOD</td><td rowspan="3" colspan="2">用于设置调制、扫描等</td></tr>
<tr><td>Sweep</td></tr>
<tr><td>Burst</td></tr>
<tr><td>Preset</td><td>复位键</td><td>用于调取预设状态</td><td></td></tr>
<tr><td>OUTPUT</td><td>输出键</td><td>用于打开或关闭波形输出</td><td>常用</td></tr>
<tr><td>CH1/CH2</td><td>通道切换</td><td>用于切换两个通道</td><td>常用</td></tr>
<tr><td>OUTPUT</td><td>输出端口</td><td>CH1 为通道一输出端口
CH2 为通道二输出端口</td><td>常用</td></tr>
<tr><td>POWER</td><td>开机按钮</td><td>用于开关机</td><td>常用</td></tr>
<tr><td>—</td><td>方向键</td><td>当编辑参数时,可用于选择数字</td><td>常用</td></tr>
<tr><td>—</td><td>可调旋钮</td><td>用于编辑值和参数</td><td>常用</td></tr>
<tr><td>—</td><td>数字键盘</td><td>用于键入值和参数,常与方向键和可调旋钮一起使用</td><td>常用</td></tr>
</table>

2. 基本操作方法

使用信号发生器的步骤是,开机后,先选择波形,然后调节频率和信号幅值,最后按下输出键,输出信号波形。在调节频率和信号幅值的时候,注意数字键盘和可调旋钮、方向键配合使用。

2.8 RC 一阶电路的暂态分析

一、实验目的

(1)学会用示波器观察和分析 RC 一阶电路的零输入响应、零状态响应及完全响应。

(2)了解时间常数对电路暂态过程的影响并掌握电路时间常数的测量方法。

(3)掌握有关微分电路和积分电路的概念。

二、实验原理

1. 动态网络

动态网络的过渡过程是十分短暂的单次变化过程。要用普通示波器观察与过渡过程和测量有关的参数，就必须使这种单次变化的过程重复出现。为此，我们利用信号发生器输出的方波来模拟阶跃激励信号，即利用方波输出的上升沿作为零状态响应的正阶跃激励信号；利用方波的下降沿作为零输入响应的负阶跃激励信号。只要选择方波的重复周期远大于电路的时间常数τ，那么电路在这样的方波序列脉冲信号的激励下，它的响应就和直流电接通与断开的过渡过程基本相同。

2. RC 一阶电路

如图 2-8-1(a)所示的 RC 一阶电路的零输入响应和零状态响应分别按指数规律衰减和增长，其变化快慢决定于电路的时间常数τ。

3. 时间常数τ的测定方法

用示波器显示零输入响应的波形，如图 2-8-1(b)所示。

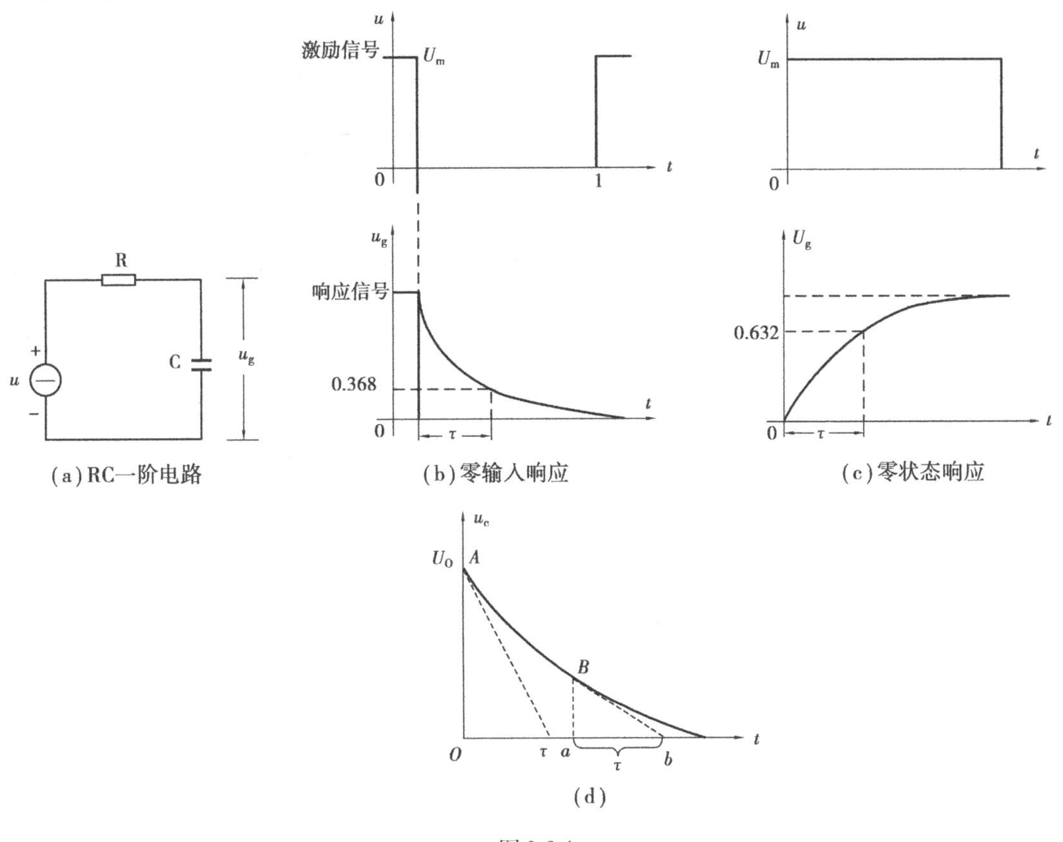

(a) RC一阶电路　(b)零输入响应　(c)零状态响应

(d)

图 2-8-1

根据一阶微分方程的求解得知

$$U_C = U_m e^{-t/RC} = U_m e^{-t/\tau}$$

当$t=\tau$时，$U_C(\tau)=0.368\ U_m$，此时所对应的时间就等于τ，也可用零状态响应波形增加到$0.632U_m$所对应的时间测得，如图 2-8-1(c)所示。可以证明：U_C的放电曲线上任意点的次切矩长度ab乘以时间轴的比例尺均等于τ，如图 2-8-1(d)所示。

4. 微分电路和积分电路

微分电路和积分电路是 RC 一阶电路中较典型的电路，它对电路元件参数和输入信号的周期有着特定的要求。一个简单的 RC 串联电路，在方波序列脉冲的重复激励下，当满足

$\tau = RC \ll \frac{T}{2}$时（$T$为方波序列脉冲的重复周期），且以 R 两端的电压作为响应输出，这就是一个微分电路。因为此时电路的输出信号电压与输入信号电压的微分成正比，如图 2-8-2(a)所示。利用微分电路可以将方波转变成尖脉冲。

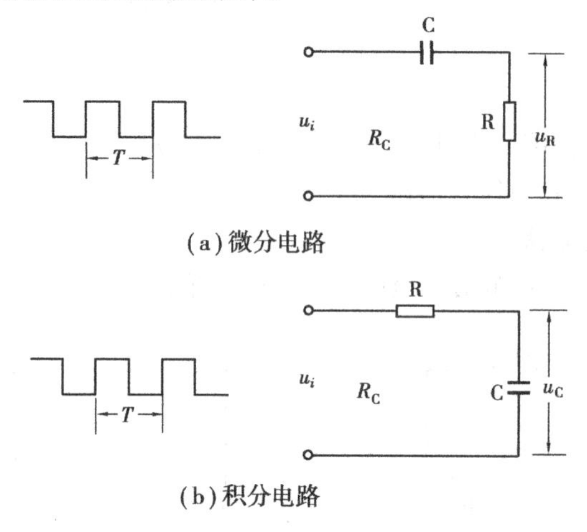

(a)微分电路

(b)积分电路

图 2-8-2

若将图 2-8-2(a)中的 R 与 C 位置互换，如图 2-8-2(b)所示，以 C 两端的电压作为响应输出，当电路的参数满足$\tau = RC \gg \frac{T}{2}$时，即称之为积分电路。因为此时电路的输出信号电压与输入信号电压的积分成正比。利用积分电路可以将方波转变成三角波。

从输入输出波形来看，上述两个电路均起着波形变换的作用，请在实验过程仔细观察与记录。

5. RC 电路的波形图

图 2-8-3 所示分别为 3 种状态$\left(5\tau = \frac{T}{2}, 5\tau \ll \frac{T}{2}, 5\tau \gg \frac{T}{2}\right)$的方波激励作用于 RC 电路时，示波器观察到的 u_C 和 i（即 u_R）的波形图。

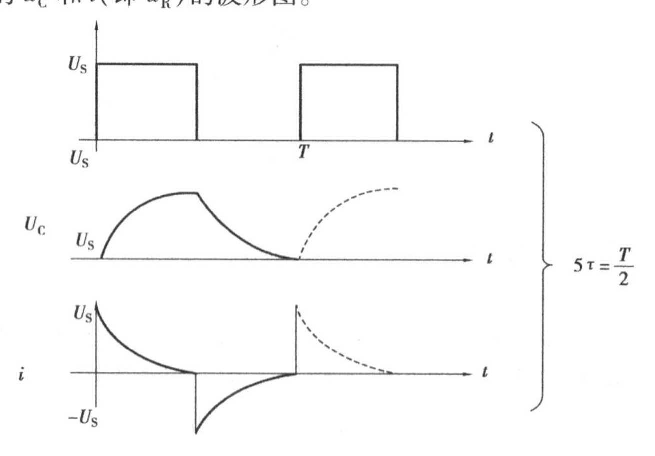

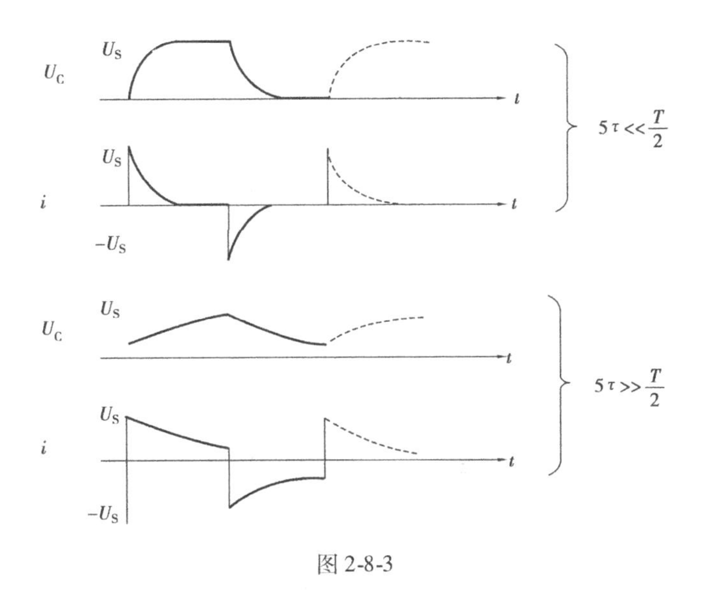

图 2-8-3

三、实验设备

本实验实验设备如表 2-8-1 所示。

表 2-8-1

序号	设备名称	型号与规格	数量
1	任意波形信号发生器	AFG-2225	1
2	双踪示波器	GDS-1072B	1
3	电路实验板 2	R(1 kΩ、510 Ω、3 kΩ);C(0.1 μF)	各 1

四、实验电路板

本实验实验电路板如图 2-8-4 所示。

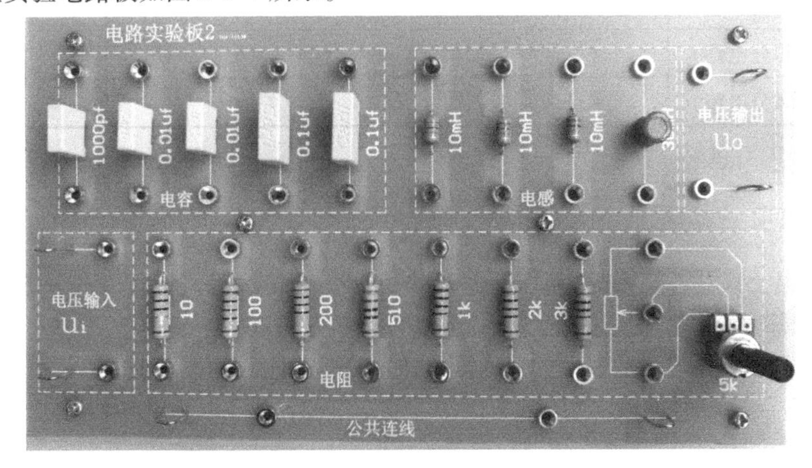

图 2-8-4

五、实验步骤

①调节任意波形信号发生器(信号源)输出峰值 $U_m = 3V_P$, $f = 1$ kHz 的方波信号。

②按图 2-8-5(a)接线,其中电容为 0.1 μF,电阻分别取 1 kΩ、510 Ω、3 kΩ;信号源红色夹子接 R 左端,黑色夹子接地;示波器 CH1 通道红色夹子接 R 左端(即与信号源红色夹子并联),黑色夹子接地;示波器 CH2 通道红色夹子接电容 C 上端,黑色夹子接地。在示波器上同时观察激励(输入信号 u_i)与响应 u_C 的变化规律,按比例在实验报告上绘制波形图。

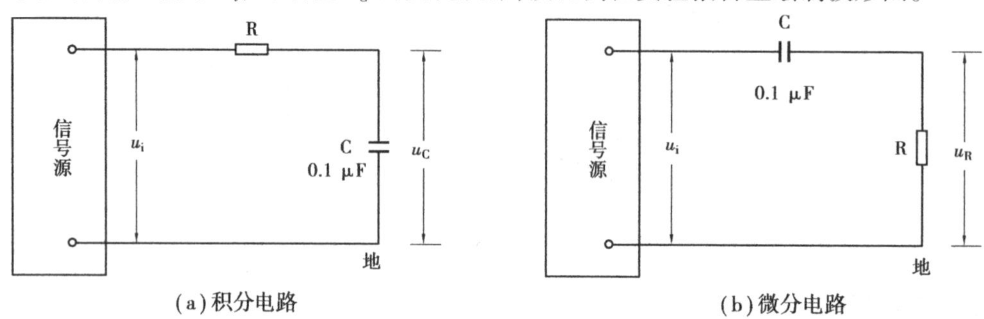

(a)积分电路　　(b)微分电路

图 2-8-5

③按图 2-8-5(b)接线,其中电容为 0.1 μF,电阻分别取 1 kΩ、510 Ω、3 kΩ;信号源红色夹子接 C 左端,黑色夹子接地;示波器 CH1 通道红色夹子接 C 左端(即与信号源红色夹子并联),黑色夹子接地;示波器 CH2 通道红色夹子接 R 上端,黑色夹子接地。在示波器上同时观察激励(输入信号 u_i)与响应 $u_R(i)$的变化规律,按比例在实验报告上绘制波形图。

④计算时间常数 τ,并将计算结果填入表 2-8-2。

⑤用示波器的"光标测量"功能测读 τ 值,将数据填入表 2-8-2 并与计算所得的 τ 值比较。

表 2-8-2

元件参数	R/Ω	1 000	510	3 000
	$C/\mu F$	0.1	0.1	0.1
计算值	τ/ms	$\tau_1 =$	$\tau_2 =$	$\tau_3 =$
测量值(积分电路)	τ/ms	$\tau_1 =$	$\tau_2 =$	$\tau_3 =$
测量值(微分电路)	τ/ms	$\tau_1 =$	$\tau_2 =$	$\tau_3 =$

六、注意事项

(1)调节电子仪器各旋钮时,动作不要过快、过猛。实验前,需熟读双踪示波器的使用说明书。观察双踪时,要特别注意相应开关、旋钮的操作与调节。

(2)信号源的接地端与示波器的接地端要连在一起(称共地),以防外界干扰影响测量的准确性。

七、思考题

(1)什么样的电信号可作为 RC 一阶电路零输入响应、零状态响应和完全响应的激励信号?

(2)已知 RC 一阶电路中,$R=10\ k\Omega$,$C=0.1\ \mu F$,计算时间常数τ,并根据τ值的物理意义,拟定测量τ的方案。

(3)何谓积分电路和微分电路,他们必须具备什么条件?它们在方波序列脉冲的激励下,其输出信号波形的变化规律如何?这两种电路有何功用?

八、实验报告

(1)根据实验观测结果,分别在同一坐标系中绘出 RC 一阶电路充放电时 u_i—u_C 的变化曲线及 u_i—$u_R(i)$的变化曲线。

(2)根据实验观测结果,归纳、总结积分电路和微分电路的形成条件,阐明波形变换的特征。

2.9　RLC 二阶电路响应的研究

一、实验目的

(1)学会用实验的方法研究二阶电路的响应,了解电路元件参数对响应的影响。

(2)观察、分析二阶电路响应的 3 种状态轨迹及特点,以加深对二阶电路响应的认识与理解。

二、实验原理

一个二阶电路在方波正、负阶跃信号的激励下,可获得零状态响应与零输入响应,其响应的变化轨迹取决于电路的固有频率。当调节电路的元件参数值,使电路的固有频率分别为负实数、共轭复数及虚数时,可获得单调的衰减、衰减振荡、临界振荡和等幅振荡的响应。在实验中可获得过阻尼、欠阻尼、临界阻尼和无阻尼 4 种响应图形。

简单而典型的二阶电路是 RLC 串联电路和 GCL 并联电路,这两者之间存在着对偶关系。本实验仅对 RLC 串联电路进行研究。

1. 电路暂态过程的性质

电路暂态过程的性质取决于特征根(或固有频率)$P_{1,2}$且有如下关系式

$$P_{1,2}=-\delta\pm\sqrt{\delta^2-\omega_0^2}$$

$$\delta=\frac{R}{2L}$$

其中,$\omega_0=\dfrac{1}{\sqrt{LC}}$为谐振角频率;$\delta$为衰减系数。

(1)如果 $R>2\sqrt{\dfrac{L}{C}}$,P_1,P_2 为两个不等的负实根,电路的暂态过程性质为单调的衰减(或过阻尼)过程。

(2)如果 $R=2\sqrt{\dfrac{L}{C}}$,P_1,P_2 为两个相等的负实根,电路的暂态过程性质为临界振荡(或临

界阻尼)过程。

(3)如果 $R<2\sqrt{\frac{L}{C}}$,P_1,P_2 为一对共轭复数,电路的暂态过程性质为衰减振荡(或欠阻尼)过程。

(4)如果 $R=0$,P_1,P_2 为纯虚数,电路的暂态过程性质为等幅振荡(或无阻尼)过程。

注意:在一般电路中,总有一定的电阻存在,只有接入特殊器件(负电阻),才可实现无阻尼振荡情况。

2. 自由振荡角频率与衰减系数的实验测量方法

当 $R<2\sqrt{\frac{L}{C}}$ 时,电路出现衰减振荡,其响应为

$$U_C = A_1 e^{-\delta t}\sin(\omega t+\beta)$$

$$i = A_2 e^{-\delta t}\sin \omega t$$

其中,$\omega=\sqrt{\omega_0^2-\delta^2}$,指自由振荡角频率。

若示波器显示的波形如图 2-9-1 所示,则只要测得 T、U_{Cm1}、U_{Cm2},就可由下式计算得到 ω 和 δ

$$\omega = 2\pi f = \frac{2\pi}{T}$$

$$\frac{U_{Cm1}}{U_{Cm2}} = e^{-\delta(t_1-t_2)} = e^{\delta T}$$

$$\delta = \frac{1}{T}\ln\frac{U_{Cm1}}{U_{Cm2}}$$

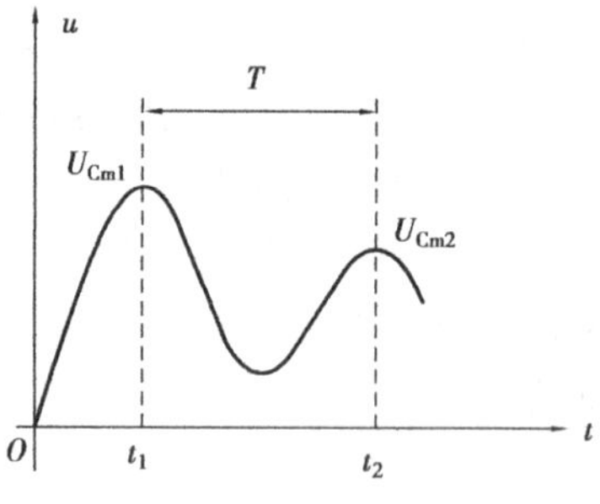

图 2-9-1

三、实验设备

本实验实验设备如表 2-9-1 所示。

表 2-9-1

序号	设备名称	型号与规格	数量
1	任意波形信号发生器	AFG-2225	1
2	双踪示波器	GDS-1072B	1
3	电路实验板 2	$L=10$ mH,$C=1\ 000$ pF,$R=5$ kΩ	各 1

四、实验步骤

利用电路实验板2中的元件，组成如图2-9-2所示的RLC串联电路。其中$L=10$ mH，$C=1\ 000$ pF，可调电阻$R=5$ kΩ。调节任意波形信号发生器的输出电压为$U_m=1.5V_P$，$f=1$ kHz的方波脉冲，通过探头接至图2-9-2中的激励端，双踪示波器的CH1探头接至激励端，CH2探头接至响应端(即电容C两端，注意共地)。

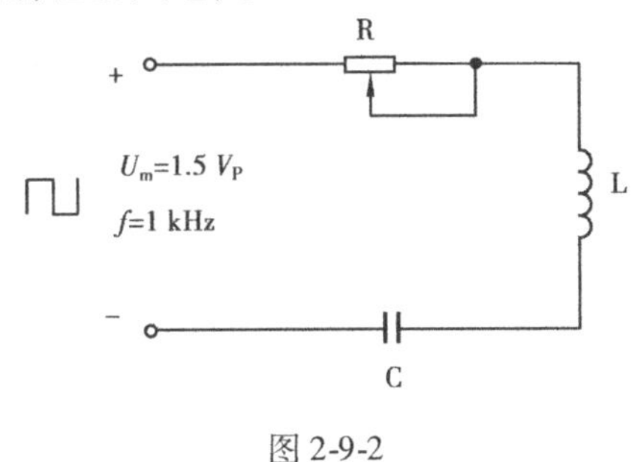

图2-9-2

①调节可调电阻R之值，观察二阶电路的零输入响应和零状态响应由过阻尼过渡到临界阻尼，最后过渡到欠阻尼的变化过程，分别定性地描绘、记录响应的典型变化波形。

②调节可调电阻R使示波器显示屏上呈现稳定的欠阻尼响应波形，定量测定此时电路的衰减常数δ和振荡频率ω。

五、实验注意事项

(1)调节可调电阻R时，要细心、缓慢，临界阻尼要找准。

(2)同时观察双踪波形时，显示要稳定，如不同步，可采用外同步法触发(看示波器说明)。

六、思考题

(1)根据二阶电路实验元件的参数，计算处于临界阻尼状态的R之值。

(2)在示波器显示屏上，如何测得二阶电路零输入响应欠阻尼状态的衰减常数δ和振荡频率ω?

七、实验报告

(1)根据观测结果，在方格纸上描绘二阶电路过阻尼、临界阻尼和欠阻尼的响应波形。

(2)测算欠阻尼振荡曲线上的δ与ω。

(3)归纳、总结电路元件参数的改变对响应变化趋势的影响。

2.10　R、L、C元件阻抗特性的测定

一、实验目的

(1)验证电阻、感抗、容抗与频率的关系，测定$R\sim f$、$X_L\sim f$及$X_C\sim f$特性曲线。

(2)加深理解 R、L、C 元件端电压与电流间的有效值及相位关系。

二、实验原理

①在正弦交变信号作用下,R、L、C 元件在电路中的抗流作用与信号的频率有关,它们的阻抗频率特性 $R\sim f$、$X_L\sim f$ 及 $X_C\sim f$ 曲线如图 2-10-1 所示。

②元件阻抗频率特性的测量电路如图 2-10-2 所示。

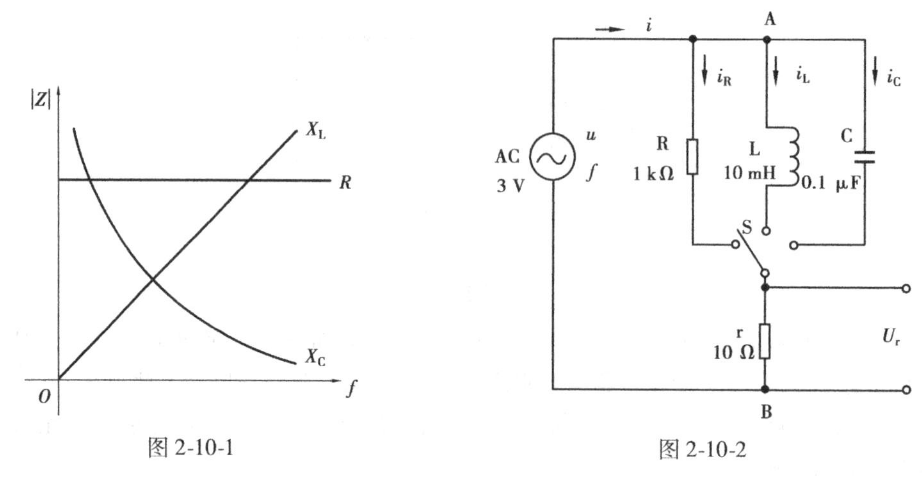

图 2-10-1　　　　图 2-10-2

图 2-10-2 中的 r 是提供测量回路电流用的标准小电阻,由于 r 的阻值远小于被测元件的阻抗值,因此可以近似认为 A、B 之间的电压就是被测元件 R、L 或 C 两端的电压,流过被测元件的电流则可由 r 两端的电压除以 r 的阻值所得。

若用双踪示波器同时观察 r 与被测元件两端的电压,显示屏中展现出被测元件两端的电压和流过该元件电流的波形(电阻上的电压与电流同相,所以,电流波形可以通过电压波形来观察)。通过示波器可以测出电压与电流的幅值及它们之间的相位差。

③将元件 R、L、C 串联或并联相接,亦可用同样的方法测得 $Z_{串}$ 与 $Z_{并}$ 的阻抗频率特性 $Z\sim f$,根据电压、电流的相位差可判断 $Z_{串}$ 与 $Z_{并}$ 是感性负载还是容性负载。

④元件的阻抗角(相位差)φ 随输入信号的频率变化而改变,将各个不同频率下的相位差画在以频率 f 为横坐标,阻抗角 φ 为纵坐标的坐标纸上,并用光滑的曲线连接这些点,即得到阻抗角的频率特性曲线。

用双踪示波器测量阻抗角的方法如图 2-10-3 所示。从显示屏上数得一个周期占 n 格,相位差占 m 格,则实际的相位差(阻抗角)$\varphi = m\times\dfrac{360°}{n}$。

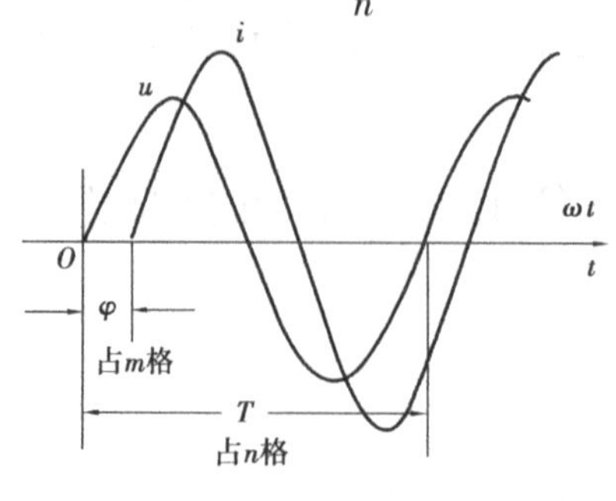

图 2-10-3

三、实验设备

本实验实验设备如表 2-10-1 所示。

表 2-10-1

序号	设备名称	型号与规格	数量
1	任意波形信号发生器	AFG-2225	1
2	双踪示波器	GDS-1072B	1
3	电路实验板 2	$R=1\ \mathrm{k\Omega}, C=0.1\ \mu\mathrm{F}, r=10\ \Omega, L=10\ \mathrm{mH}$	各 1

四、实验电路板

本实验实验电路板如图 2-10-4 所示。

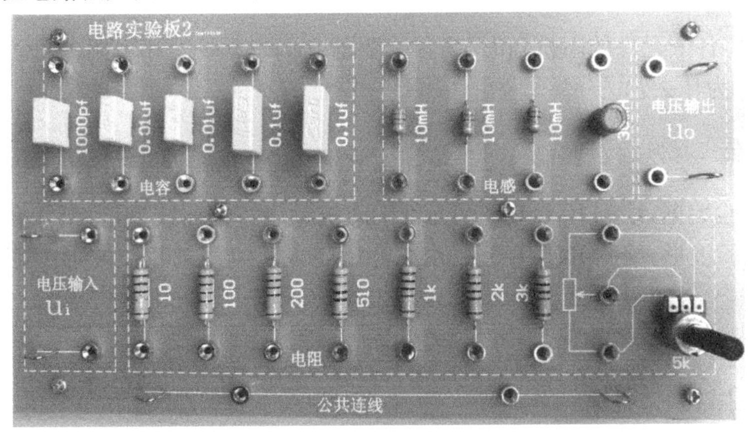

图 2-10-4

五、实验步骤

(1)测量 R、L、C 元件的阻抗频率特性。

①将任意波形信号发生器(信号源)的输出调节为有效值(V_{RMS})$U=3$ V 的正弦波，并在整个实验过程中保持不变。

②按图 2-10-2 接线，信号源红色夹子接 A 点，黑色夹子接 B 点作为激励信号；示波器 CH1 通道探头与信号源并联，即“红 A 黑 B”，观察激励信号波形；示波器 CH2 通道红色夹子接 r 上端，黑色夹子接 B 点，观察 U_r(即电流)波形。

③调节信号源的输出频率从 1 kHz 逐渐增至 10 kHz，分别测量 R、L、C 3 个元件，用示波器测量各对应频率下的 U_r 并计算电流，记入表 2-10-2。再由相应公式计算各频率点时的 R、X_L 与 X_C，记入表 2-10-2。

(2)用双踪示波器观察在不同频率下各元件阻抗角的变化情况；观察并作出 $f=5$ kHz 时 R、L、C 各电路 U 与 i 的相位波形图。

表 2-10-2

测量计算	f/kHz	1	2	3	5	10
	U/V	3.00	3.00	3.00	3.00	3.00
R(1 kΩ)	I_R/mA					
	R/Ω					
L(10 mH)	I_L/mA					
	X_L/Ω					
C(0.1 μF)	I_C/mA					
	X_C/Ω					

六、预习思考题

测量 R、L、C 各个元件的阻抗角时，为什么要与它们串联一个小电阻？可否用一个小电感或大电容代替？为什么？

七、实验报告

(1)根据实验数据，绘制 R、L、C 3 个元件的阻抗频率特性曲线，可得出什么结论？

(2)观察实验波形，绘制 R、L、C 3 个元件电压与电流之间的相位波形图，并总结、归纳出结论。

2.11 RLC 串并联交流电路及功率因数的提高

一、实验目的

(1)验证正弦稳态交流串、并联电路中电压、电流及阻抗之间的关系。

(2)认识日光灯电路。

(3)理解改善电路功率因数的意义并掌握其方法。

(4)学习单相电量仪、单相调压器的使用方法。

二、实验原理

1. 在正弦交流电路中，R、L、C 元件的伏安关系

在正弦交流电路中，R、L、C 元件的伏安关系用相量表示为

$$\dot{U}_R = R\dot{I}_R$$

$$\dot{U}_L = j\omega L\dot{I}_L$$

$$\dot{U}_C = -j\frac{1}{\omega c}\dot{I}_C$$

其基尔霍夫定律相量形式为

$$\text{KVL}:\dot{U}=\dot{U}_{\text{R}}+\dot{U}_{\text{L}}+\dot{U}_{\text{C}}=\left(R+\text{j}\omega L-\text{j}\frac{1}{\omega c}\right)\dot{I}$$

$$\text{KCL}:\dot{I}=\dot{I}_{\text{R}}+\dot{I}_{\text{L}}+\dot{I}_{\text{C}}=\left(\frac{1}{R}-\text{j}\frac{1}{\omega L}+\text{j}\omega C\right)\dot{U}$$

即相量和关系,而非代数和关系

$$U\neq U_{\text{R}}+U_{\text{L}}+U_{\text{C}}$$

$$I\neq I_{\text{R}}+I_{\text{L}}+I_{\text{C}}$$

2. 日光灯电路

日光灯电路如图 2-11-2 所示。图中 R 是日光灯管,L 是镇流器,S 为启辉器,C 是补偿电容器,用以改善电路的功率因数值($\cos\varphi$)。

3. 灯管

灯管工作时,可将其当作一电阻负载。镇流器是一个铁芯线圈,可以认为是一个电感量较大的感性负载,两者构成一个 RL 串联电路。日光灯启辉过程如下:当接通电源后,启辉器内双金属片(动片与定片)间的气隙被击穿,连续产生火花,双金属片受热伸长,动片与定片接触。灯管灯丝接通,灯丝预热而发射电子,此时,启辉器两端电压下降,双金属片冷却,因而动片与定片分开。镇流器线圈因灯丝电路断电而感应出很高的感应电动势,与电源电压串联加到灯管两端,使管内气体电离产生弧光放电而发光。此时启辉器停止工作,镇流器在正常工作时起限流作用。

当 $C=0$ 时,电路为日光灯 R 与镇流器 L_{r}(内阻)的串联电路,此时

$$\dot{U}=\dot{U}_{\text{R}}+\dot{U}_{\text{Lr}}=(R+r+\text{j}\omega L)\dot{I}_{\text{Lr}}$$

$$U_{\text{R}}=I_{\text{Lr}}R$$

$$U_{\text{Lr}}=\sqrt{r^2+X_{\text{L}}^2}\,I_{\text{Lr}}$$

$$P=I^2(R+r)$$

$$\cos\varphi=\frac{P}{IU}$$

其相量图如图 2-11-1(a)所示。

当并上电容 C 时,电路为电阻、电感串联再与电容并联的电路,此时

$$\dot{I}=\dot{I}_{\text{Lr}}+\dot{I}_{\text{C}},$$

其相量图如图 2-11-1(b)所示。

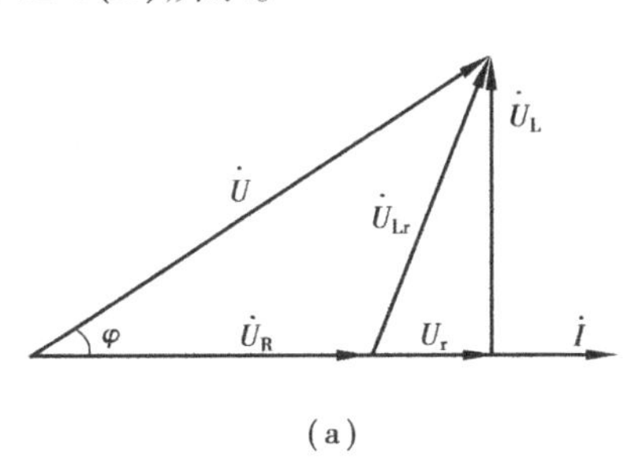

(a)

$\dot{I}_{\text{C}}$ $\dot{U}$ φ' φ $\dot{I}$ $\dot{I}_{\text{Lr}}$

(b)

图 2-11-1

4. 功率因数的提高

在日常生活和工业生产中,负载多为感性,如电动机、变压器、日光灯等,且功率因数较低。理论上,用电器功率因数越低,输电线上电流越大,线路损耗也越大,电能传输效率越低,网络占有无功功率($Q=UI\sin\varphi$)越大,供电设备的容量就得不到充分利用。因此,工程中常用在网络端口并联电容器的方法,提高功率因数($\cos\varphi$),从而提高电源设备的利用率和传输效率。

三、实验设备

本实验实验设备如表2-11-1所示。

表2-11-1

序号	设备名称	型号与规格	数量
1	单相调压器	220 V/0 ~ 250 V	1
2	单相电量仪	500 V/2 A	1
3	日光灯灯管、镇流器、启辉器	18 W、与18 W灯管配用	各1
4	电容器	3.7 μF/500 V	1
5	电流插座	—	3

四、实验步骤

①将单相调压器输出电压U调至0 V(逆时针调到底),按图2-11-2连接线路,经指导教师检查后,接通实验台电源。

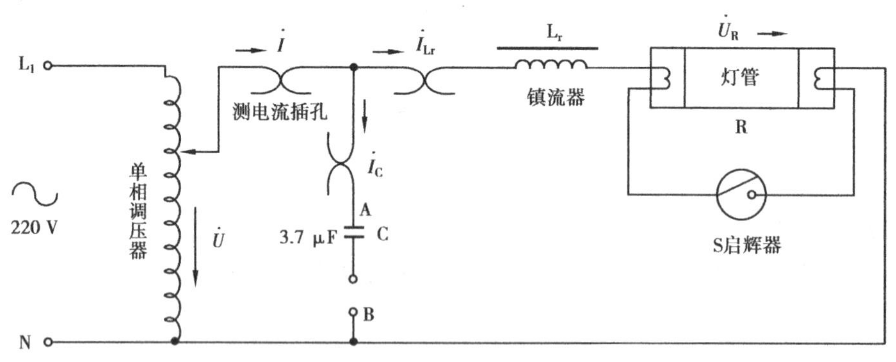

图2-11-2

②电容不接入电路,即A、B点断开,用单相电量仪的电压表监测,将单相调压器输出电压U调至220 V,日光灯亮,按表2-11-2中"R、L串联"要求进行测量和计算,并作串联电路电压相量图,验证电压三角形关系。

③用黑色短接桥将3.7 μF电容接入电路,注意观察灯管的亮度变化。按表2-11-2中"R、L与C并联"的要求进行测量,并作R、L与C并联电路电流相量图,验证电流相量和关系。注意:计算r、X_L时都用"R、L串联"的数据。

表 2-11-2

测量值	$C/\mu F$	P/W	$\cos\varphi$	U/V	U_{Lr}/V	U_R/V	I/A	I_{Lr}/A	I_C/A	计算值/Ω
R、L串联	0									$r=$
R、L与C并联	3.7									$X_L=$

五、实验注意事项

(1)本实验用交流市电 220 V,务必注意用电和人身安全。接好电路必须经过指导教师检查后才能通电。

(2)线路接线正确,日光灯不能启辉时,应检查启辉器及其接触是否良好。

六、思考题

(1)在日常生活中,当日光灯上缺少了启辉器时,人们常用一根导线将启辉器的两端短接一下,然后迅速断开,使日光灯点亮;或用一只启辉器去点亮多只同类型的日光灯,这是为什么?

(2)为了提高电路的功率因数,常在感性负载上并联电容器,此时增加了一条电流支路,试问电路的总电流是增大还是减小,此时感性元件上的电流和功率是否改变?

(3)提高线路功率因数为什么只采用并联电容器法,而不用串联法?所并联的电容器是否越大越好?

七、实验报告

(1)完成数据表格中的计算。

(2)根据实验数据,分别绘出电压、电流相量图,验证相量形式的基尔霍夫定律,即总结串、并联交流电路的电路特征。

(3)讨论改善电路功率因数的意义和方法。

【知识窗】

仪器使用

(一)单相电量仪

单相电量仪[图 2-11-3(a)]是一款具有测量、显示、数字通信、继电器输出、电能计量等功能的可编程电力仪表。仪表采用三排数码显示,能够在线完成多种常用的电参量测量。

(1)接线。单相电量仪的接线如图 2-11-4 所示,此时可测量电压、电流、有功功率、无功功率、视在功率、功率因数、四象限角度以及电能等参数;也可以单独连接电压端口或电流端口当作交流电压表、电流表使用。

(2)操作说明:单相电量仪前面板共有 4 个按钮(图 2-11-5),每一个按钮都具有两种功能,分别有正常使用的基本功能和进入设置界面的特殊功能。

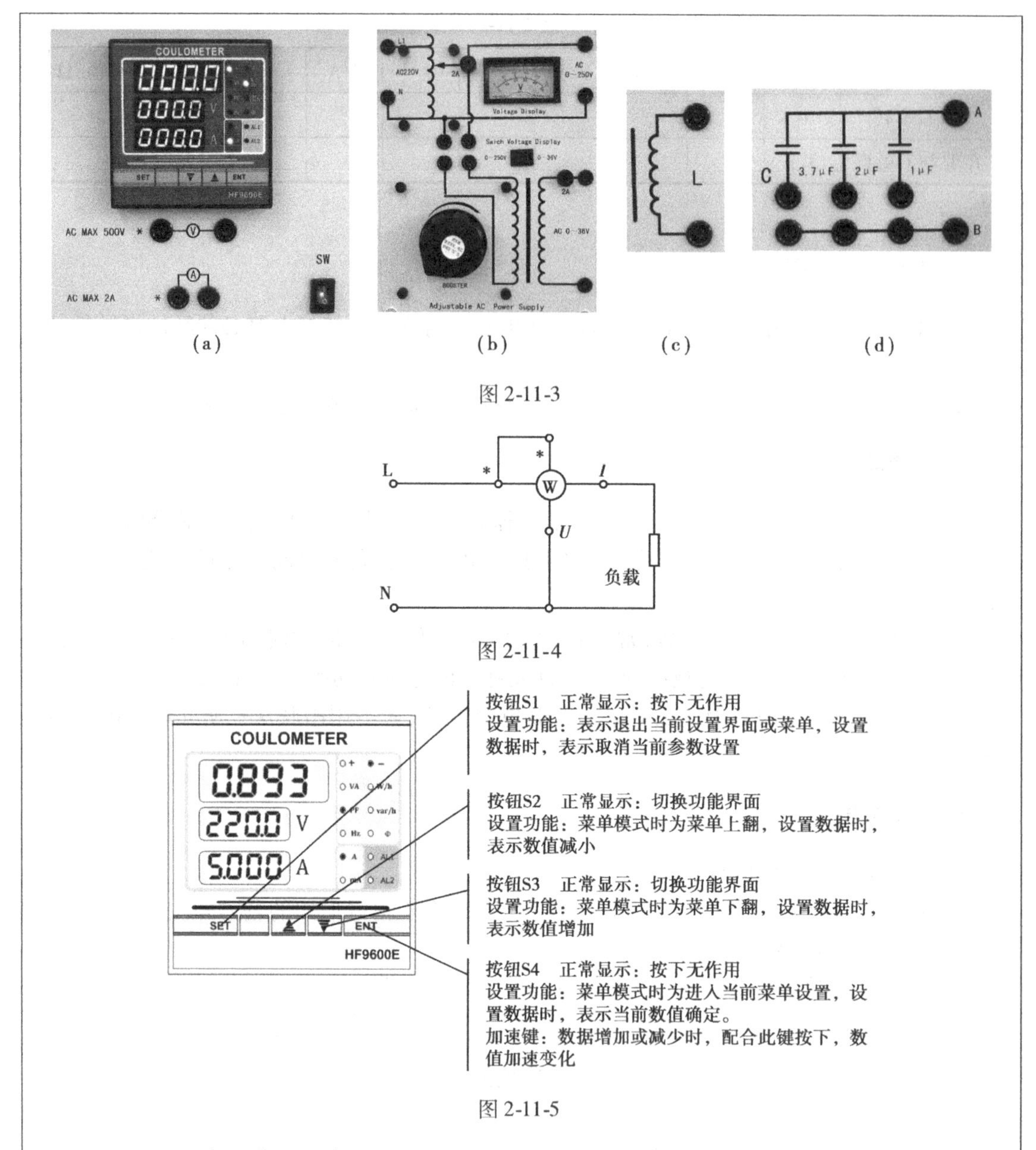

图 2-11-3

图 2-11-4

图 2-11-5

按下 S1：正常状态下，单独按下此键，无作用，和 S4 配合使用时，将会提示进入设置界面。

按下 S2：切换显示内容与 S3 反方向。

按下 S3：切换查看如图 2-11-6 所示的电量信息。

按下 S4：正常状态下，单独按下此键，无作用，和 S1 配合使用时，将会提示进入设置界面。

(3)当“+”灯和“W/Wh”灯同时亮起时可以测量有功功率；当“+”灯和“PF”灯同时亮起时可以测量功率因数。

(4)测量完毕，先关闭单相电量仪的开关，再断开其他部分。

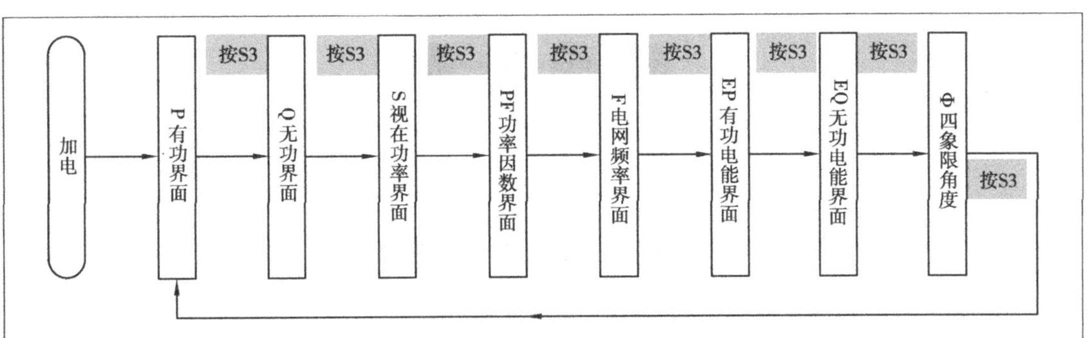

图 2-11-6

(二)单相调压器

单相调压器[图 2-11-2(b)]的原理图如图 2-11-7 所示。其中 L 为火线,N 为零线。

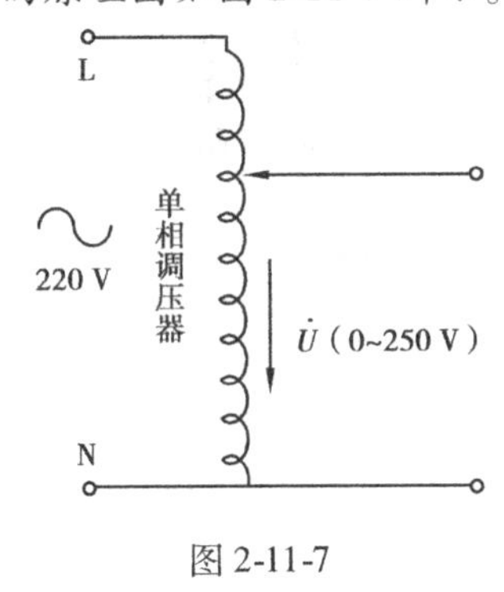

图 2-11-7

输入端(左端):火线与零线之间电压为 220 V。

输出端(右端):将调压器的调压手柄,逆时针旋至零位,由零顺时针旋动手柄,其输出电压在 0~250 V 调节。

从实验板上的电压表可观察到输出端电压值的变化。

(三)日光灯镇流器 L

日光灯镇流器[图 2-11-3(c)]是一个具有大电感量的电感线圈,其额定电压为 220 V/50 Hz、额定电流为 0.37 A。

(四)电容器 C

如图 2-11-3(d)所示,共有 3 只电容器:1 μF/500 V、2 μF/500 V、3.7 μF/500 V,用以提高电路的功率因数,本次实验只用 3.7 μF/500 V 这一只。

(五)日光灯灯管

日光灯灯管的额定值为 18 W/220 V。

(六)测电流插孔

测电流插孔如图 2-11-8 所示,在实验电路连接中作为电流测试点,其中每一组边缘的两个插孔用于电路的连接,中间两个插孔用黑色短接桥短接,中间下面的两个红色插孔与电流表连接。

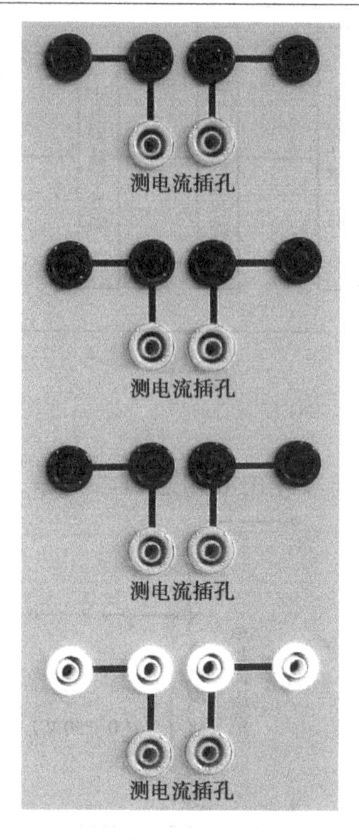

图 2-11-8

在实验电路连接完毕后，检查线路确保没有连接错误。把电流表上的双头导线连到需要测试的某组电流插孔，拔掉短接桥，此时电流表上的指示值就是所要测量的电流值。当需要改变测试点时，先插上刚刚拔掉的短接桥，再将测试导线换到需要测试的另一组电流插孔上，拔掉短接桥，此时电流表上的指示值就是所要测量的另一组电流值。

2.12 电路等效参数的测量

一、实验目的

(1)学会用交流电压表、交流电流表和单相电量仪表测量元件的交流等效参数。

(2)学会单相电量仪的接法和使用。

二、实验原理

1. 正弦交流信号激励下的元件阻抗值

正弦交流信号激励下的元件阻抗值可以用交流电压表、交流电流表及单相电量仪分别测量出元件两端的电压 U、流过该元件的电流 I 和它所消耗的功率 P，然后通过计算得出所求的各值，这种方法称为伏安瓦计法，是测量 50 Hz 交流电路参数的基本方法。

计算的基本公式如下：

阻抗的模

$$|Z| = \frac{U}{I}$$

电路的功率因数

$$\cos\varphi = \frac{P}{UI}$$

等效电阻

$$R = \frac{p}{I^2} = |Z|\cos\varphi$$

等效电抗

$$X = |Z|\sin\varphi$$

或

$$X = X_L = 2\pi fL,\quad X = X_C = \frac{1}{2\pi fc}$$

2. 阻抗性质的判别方法

用在被测元件两端并联电容或串联电容的方法来判别阻抗的特质。方法与原理如下：

(1)在被测元件两端并联一只适当容量的实验电容,若串接在电路中的电流表读数增大,则被测阻抗为容性;若电流表的读数减小则被测阻抗为感性。

图2-12-1(a)中,Z为待测定元件,C′为实验电容器。图2-12-1(b)是(a)的等效电路,图中G、B为待测阻抗Z的电导和电纳,B′为并联电容C′的电纳。在端电压有效值不变的条件下,按下面两种情况进行分析:

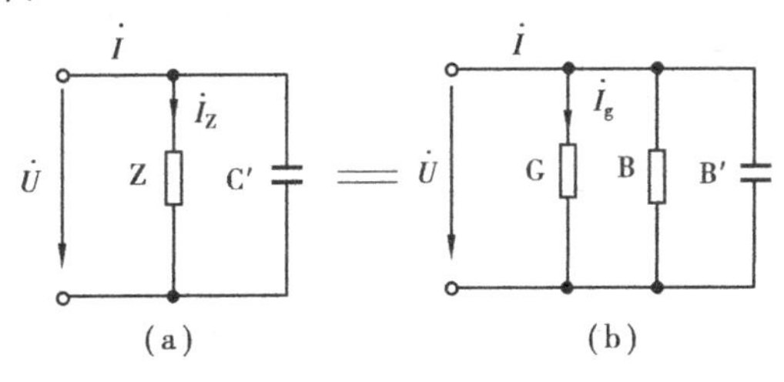

图2-12-1　并联电容测量法

①$B + B' = B''$,若B'增大,B''也增大,则电路中电流I将单调地上升,故可判断B为容性元件。

②$B + B' = B''$,若B'增大,而B''先减小后增大,电流I也是先下降后上升,如图2-12-2所示,则可判断B为感性元件。

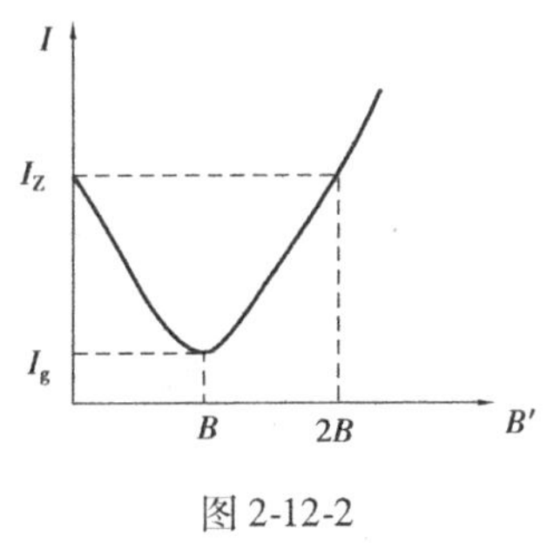

图2-12-2

由以上分析可见，当 B 为容性元件时，对并联电容 C′无特殊要求；而当 B 为感性元件时，$B' < |2B|$才有判定为感性的意义。$B' > |2B|$时，电流单调上升，与 B 为容性时相同，并不能说明电路是感性的。因此 $B' < |2B|$是判断电路性质的可靠条件，由此得判定条件为 $C'' < \left|\frac{2B}{\omega}\right|$。

(2)与被测元件串联一个适当容量的实验电容，若被测阻抗的端电压下降，则判为容性，端压上升则为感性，判定条件为

$$\frac{1}{\omega C'} < |2X|$$

式中 X 为被测阻抗的电抗值，C'为串联实验电容值(此关系式可自行证明)。

判断待测元件的性质，除上述借助于实验电容 C'测定法外，还可以利用该元件电流、电压间的相位关系：若 I 超前于 U，则为容性；若 I 滞后于 U，则为感性。

本实验所用的功率表为实验台上的单相电量仪，其电压接线端应与负载并联，电流接线端应与负载串联。

三、实验设备

本实验的实验设备如表 2-12-1 所示。

表 2-12-1

序号	名称	型号与规格	数量
1	交流电压表	0～500 V	1
2	交流电流表	0～2 A	1
3	单相电量仪	500 V/2 A	1
4	单相调压器	220 V/0～250 V	1
5	电感线圈	18 W 日光灯配用	1
6	电容器	3.7 μF/500 V	1
7	白炽灯	40 W/220 V	3

四、实验步骤

测试线路如图 2-12-3 所示。

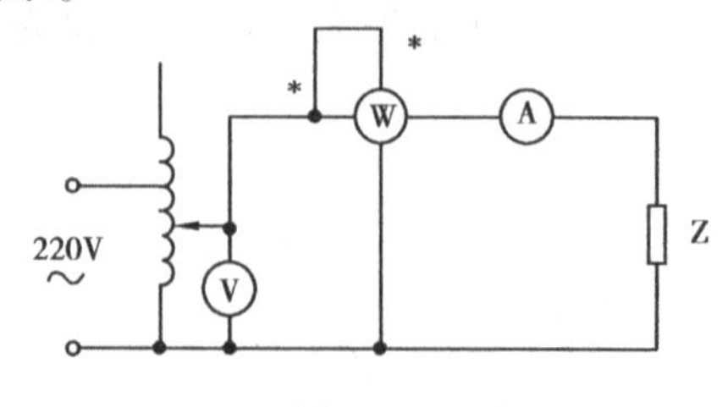

图 2-12-3

①按图 2-12-3 接线，经指导教师检查后，方可接通市电电源。

②分别测量 40 W 白炽灯(R)，18 W 日光灯镇流器(L)和 3.7 μF 电容器(C)的等效参数，并记入表 2-12-2 中。

③分别测量L与C串联和并联后的等效参数，记入表2-12-2中。

表2-12-2

被测阻抗	测量值			计算值			电路等效参数		
	U/V	I/A	P/W	cos φ	Z/Ω	cos φ	R/Ω	L/mH	C/μF
40 W 白炽灯 R									
电感线圈 L									
电容器 C									
L与C串联									
L与C并联									

④验证用串、并实验电容法判别负载性质的正确性。

实验线路同图2-12-3，按表2-12-3的内容进行测量和记录。

表2-12-3

被测元件	串联1 μF电容		并联1 μF电容	
	串前端电压/V	串后端电压/V	并前电流/A	并后电流/A
R(3只40 W白炽灯)				
C(3.7 μF)				
L(镇流器)				

⑤伏安瓦计法测定无源单口网络的交流参数。

a. 实验电路如图2-12-4所示。

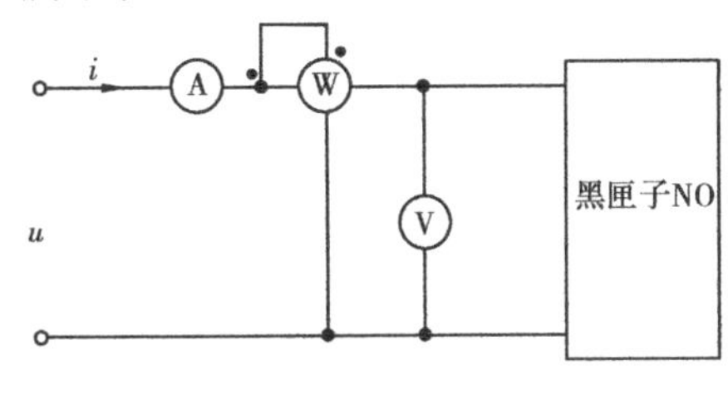

图2-12-4

实验电源取自实验台上50 Hz三相交流电源中的一相。调节单相调压器，使单相交流最大输出电压为150 V。

本实验用单元黑匣子上的6只开关，可变换出8种不同的电路：

- K_1 合(开关投向上方)，其他断。
- K_2、K_4 合，其他断。
- K_3、K_5 合，其他断。
- K_2 合，其他断。
- K_3、K_6 合，其他断。
- K_2、K_3、K_5 合，其他断。

- K_2、K_3、K_4、K_6 合，其他断。
- 所有开关合。

测出以上 8 种电路的 U、I、P 及 $\cos\varphi$，并自行列表记录。

b. 按图 2-12-5 接线，并将单相调压器的输出电压调至小于等于 30 V。按照黑匣子的 8 种开关组合，观察并记录 u、i（即 R 上的电压、电流）的相位关系。

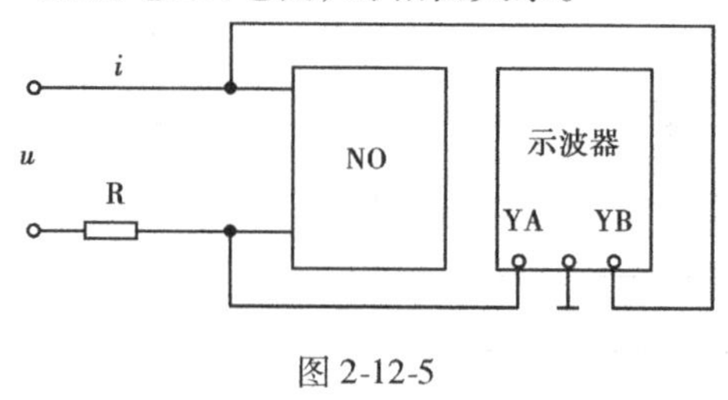

图 2-12-5

五、实验注意事项

（1）本实验直接用市电 220 V 交流电源供电，实验中要特别注意人身安全，不可用手直接触摸通电线路的裸露部分，以免触电，进实验室应穿绝缘鞋。

（2）单相调压器在接通电源前，应将其手柄置于零位，调节时，使其输出电压从零开始逐渐升高。每次改接实验线路、换拨黑匣子上的开关及实验完毕，都必须先将其手柄慢慢调回零位，再断电源。必须严格遵守这一安全操作规程。

（3）实验前应详细阅读单相电量仪的使用说明书，熟悉其使用方法。

六、预习思考题

（1）在 50 Hz 的交流电中，测得一只铁芯线圈的 P、I 和 U，如何算得它的阻值及电感量？

（2）如何用串联电容的方法来判别阻抗的性质？试用 I 随 X'_C（串联容抗）的变化关系作定性分析，证明串联实验时，C' 满足 $\frac{1}{\omega C'} < |2X|$。

七、实验报告

（1）根据实验数据，完成各项计算。

（2）完成预习思考题。

（3）根据“伏安瓦计法测定无源单口网络的交流参数”的实验结果，分别作出等效电路图，计算出等效电路参数并判定负载的性质。

2.13 互感电路观测

一、实验目的

（1）掌握互感电路同名端、互感系数以及耦合系数的测定方法。

（2）理解两个线圈对应位置的改变，以及用不同材料作线圈芯时对互感的影响。

二、实验原理

1. 判断互感线圈同名端的方法

(1)直流法

如图 2-13-1 所示,在开关 S 闭合的瞬间,若毫安表的指针正偏,则可判定“1”“3”为同名端;若指针反偏,则“1”“4”为同名端。

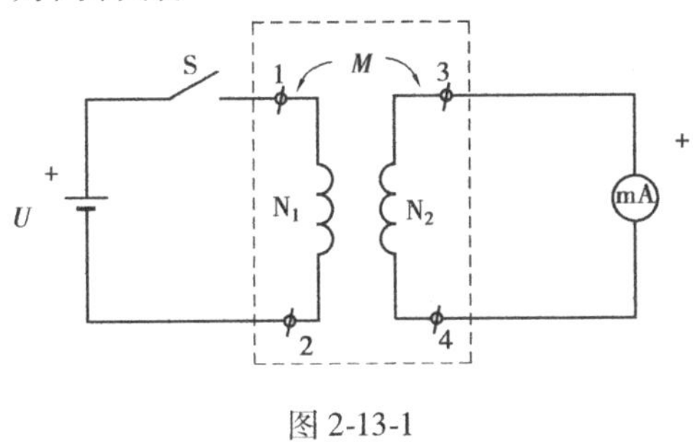

图 2-13-1

(2)交流法

如图 2-13-2 所示,将两个绕阻 N_1 和 N_2 的任意两端(如 2、4 端)连在一起,在其中一个绕阻(如 N_1)两端加一个低电压,另一绕阻(如 N_2)开路,用交流电压表分别测出端电压 U_{13}、U_{12} 和 U_{34}。若 U_{13}是两个绕阻端压之差,则 1、3 是同名端;若 U_{13}是两绕阻端电压之和,则 1、4 是同名端。

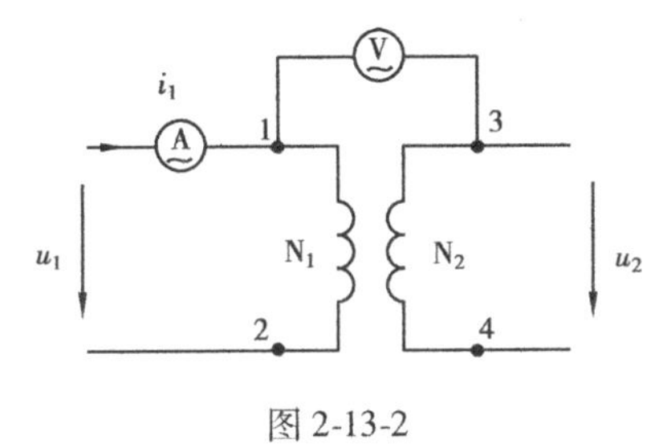

图 2-13-2

(3)顺反向串联法

图 2-13-3 中,N_2 的 3 和 4 互换位置,即两线圈分别为顺向串联和反向串联,用示波器分别测量顺、反向串联电路中 10 Ω 电阻两端的电压,再除以 10 Ω 得到电流值,比较两次串联电流值的大小得:顺串 I_+ < 反串 I_-,因为顺串时感抗大,故电流小,反串时感抗小,故电流大。顺串为异名端相连,反串为同名端相连,判别结果与交流法相同。

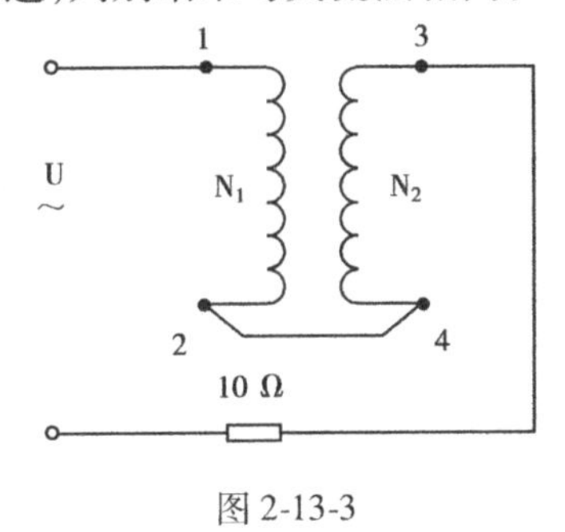

图 2-13-3

2. 两线圈互感系数 M 的测定

(1)互感电压法

如图 2-13-2 所示,在 N_1 侧施加低压交流电压 U_1,测出 I_1 及 U_2。根据互感电势 $E_{2M} \approx U_2 = \omega M I_1$,可得互感系数为

$$M = \frac{U_2}{\omega I_1}$$

(2)顺反向串联法

顺串:$L_+ = L_1 + L_2 + 2M$

反串:$L_- = L_1 + L_2 - 2M$

两式相减得

$$M = \frac{L_+ - L_-}{4}$$

式中,$L_+ = \frac{1}{\omega} \cdot \frac{U_{L+}}{I_+}$,$L_- = \frac{1}{\omega} \cdot \frac{U_{L-}}{I_-}$。

3. 耦合系数 k 的测定

两个互感线圈耦合松紧的程度可用耦合系数 k 来表示。k 可表示为

$$k = \frac{M}{\sqrt{L_1 L_2}}$$

如图 2-13-2 所示,先在 N_1 侧施加低压交流电压 U_1,测出 N_2 侧开路时的电流 I_1;然后再在 N_2 侧施加电压 U_2,测出 N_1 侧开路时的电流 I_2,求出各自的自感 L_1 和 L_2,即可算得 k 值。

三、实验设备

本实验实验设备如表 2-13-1 所示。

表 2-13-1

序号	名称	型号与规格	数量
1	任意波形信号发生器	AFG-2225	1
2	双踪示波器	GDS-1072B	1
3	空心互感线圈	N_1 为小线圈 800 匝 N_2 为大线圈 1 000 匝 $R_1 = R_2 = 10\ \Omega$	1 对

空心互感线圈负载阻抗元件见图 2-13-4。图 2-13-4(a)所示空心互感线圈接线柱 1、2、3 端为 N_1[(400+400)匝],4、5、6 端为 N_2[(500+500)匝]。图 2-13-4(b)左边两个接线柱间是 10 Ω 电阻,右边与左边对称,两接线柱间仍是 10 Ω 电阻。N_1 与 N_2 及电阻都是独立元件。

四、实验步骤

1. 测定互感线圈的同名端

(1)直流法

实验电路如图 2-13-5 所示。先将 N_1 和 N_2 两线圈的 4 个接线端子编以 1、2 和 3、4 号。在

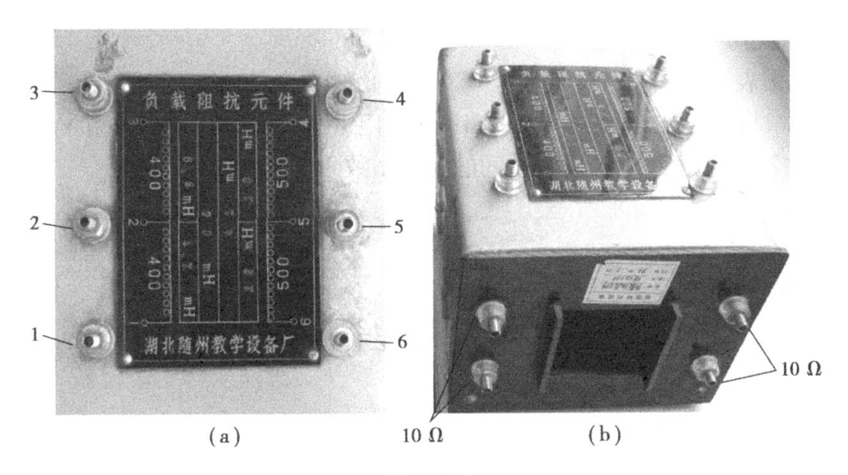

(a)　　　　(b)

图 2-13-4

空心互感线圈中放入铁棒。U 为可调直流稳压电源，调至 10 V。流过 N_1 侧的电流不可超过 0.4 A(选用 5 A 量程的数字电流表)。N_2 侧直接接入 2 mA 量程的毫安表。将铁棒迅速地拔出和插入，观察毫安表读数正、负的变化，判定 N_1 和 N_2 两个线圈的同名端。

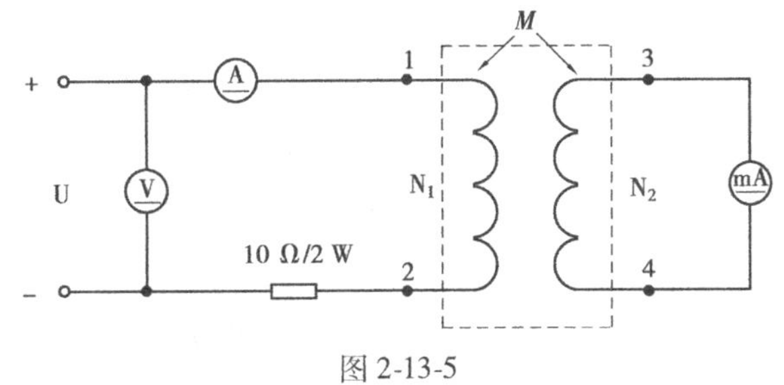

图 2-13-5

(2)交流三电压表法

①用任意波形信号发生器调出 $f=1$ kHz，$U=4$ V。

②按图 2-13-6 接线，用一根导线将 2 与 4 相连，即线圈 N_1 和 N_2 串联，在 1、2 端接上任意波形信号发生器，用示波器测量 U_{13}、U_{12}、U_{34}，并记入表 2-13-2。根据实验数据，若 $U_{13}=U_{12}+U_{34}$，则线圈的同名端为 1、4(或 2、3)；若 $U_{13}=U_{12}-U_{34}$，则同名端为 1、3(或 2、4)。

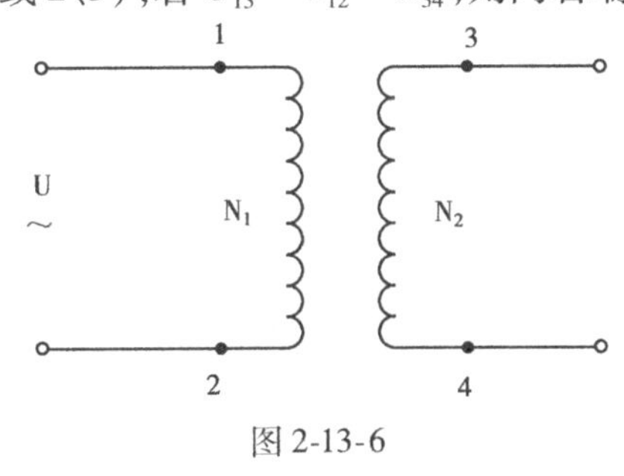

图 2-13-6

(3)交流顺反向串联法

按图 2-13-3 接线，用示波器测端口电压和电流(电流可以由 10 Ω 电阻上的电压 U_r 计算得到，即$\frac{U_r}{10}$)，再将 N_2 的 3、4 位置互换，再测一次端口电压和电流，将测量值记入表 2-13-2。电流小的为 I_+，所对应的电压为 U_+，反之为 I_- 和 U_-，判断同名端。

2.测互感系数 M

(1)互感电压法

图 2-13-5 中,将 N_1 线圈回路串联一个 10 Ω 电阻,用以测量电流 I_1,再测 N_2 两端开路电压 U_2,记入表 2-13-2,即可计算出 N_1 和 N_2 间的互感系数 M。

$$M = \frac{U_2}{\omega I_1}$$

(2)顺反向串联法

$$M = \frac{L_+ - L_-}{4}$$

式中 $L_+ = \frac{1}{\omega} \cdot \frac{U_{L+}}{I_+}$,$L_- = \frac{1}{\omega} \cdot \frac{U_{L-}}{I_-}$。

将计算出的 M 记入表 2-13-2,并与互感电压法所得结果进行比较。

3.测耦合系数 k

在图 2-13-5 中,在 N_1、N_2 线圈回路各串联 1 只 10 Ω 电阻,测得 U_1、U_2 和 I_1、I_2,并据此计算出 L_1、L_2 和 k。

表 2-13-2

<table>
<tr><td colspan="7">测定互感线圈的同名端</td><td colspan="3">测互感系数 M</td><td colspan="4">测耦合系数 k</td></tr>
<tr><td colspan="3">交流三电压表法</td><td colspan="4">交流顺反向串联法</td><td colspan="2">互感电压法</td><td>交流顺反向串联法</td><td>U_1 /V</td><td>U_2 /V</td><td>I_1 /mA</td><td>I_2 /mA</td></tr>
<tr><td>U_{13} /V</td><td>U_{12} /V</td><td>U_{34} /V</td><td>U_{L+} /V</td><td>U_{L-} /V</td><td>I_+ /mA</td><td>I_- /mA</td><td>U_2 /V</td><td>I_1 /mA</td><td>$L_+ = \frac{U_{L+}}{\omega I_+} =$</td><td></td><td></td><td></td><td></td></tr>
<tr><td></td><td></td><td></td><td></td><td></td><td></td><td></td><td></td><td></td><td>$L_- = \frac{U_{L-}}{\omega I_-} =$</td><td colspan="4">$L_1 = \frac{U_1}{\omega I_1} =$</td></tr>
<tr><td></td><td></td><td></td><td></td><td></td><td></td><td></td><td colspan="2">$M = \frac{U_2}{\omega I_1}$</td><td>$M = \frac{L_+ - L_-}{4}$</td><td colspan="4">$L_2 = \frac{U_2}{\omega I_2} =$</td></tr>
<tr><td colspan="3">同名端</td><td colspan="4">同名端</td><td colspan="2">$M =$</td><td>$M =$</td><td colspan="4">$k = \frac{M}{\sqrt{L_1 L_2}} =$</td></tr>
</table>

4.观察互感现象

在图 2-13-5 的 N_2 侧接入 LED 发光二极管与 510 Ω 电阻串联的支路。

(1)将铁棒慢慢地从两线圈中抽出和插入,观察 LED 发光二极管亮度的变化及电表读数的变化,记录现象。

(2)用铝棒替代铁棒,重复步骤(1),观察 LED 发光二极管亮度的变化,记录现象。

五、实验注意事项

(1)整个实验过程中,任意波形信号发生器空载时,输出 $f = 1$ kHz,$U = 4$ V,保持不变。

(2)为便于计算,ω 值保留,不代入数值。

六、预习思考题

(1)用直流法判断同名端时，可否根据开关S断开瞬间毫安表指针的正、反偏转来判断同名端?

(2)本实验用直流法判断同名端是用插、拔铁芯时电流表的正、负读数变化来确定的(如何确定)，这与实验原理中所叙述的方法是否一致?

七、实验报告

(1)总结互感线圈同名端、互感系数实验测定方法。

(2)解释实验中观察到的互感现象。

2.14　RLC 串联谐振电路的研究

一、实验目的

(1)学习用实验方法绘制 RLC 串联电路的幅频特性曲线。

(2)加深理解电路发生谐振的条件、特点，掌握电路品质因数(电路 Q 值)的物理意义及其测量方法。

二、实验原理

1. 幅频特性曲线的测量方法

如图2-14-1所示，在RLC串联电路中，当正弦交流信号源 U_i 的频率 f 改变时，电路中的感抗、容抗随之而变，电路中的电流也随 f 而变。取电阻R上的电压 U_0 作为响应，当输入电压 U_i 的幅值维持不变时，在不同频率的信号激励下测出 U_0，然后以 f 为横坐标，以 U_0/U_i 为纵坐标(因 U_i 不变，故也可直接以 U_0 为纵坐标)，绘出光滑的曲线，此即为幅频特性曲线，亦称谐振曲线，如图2-14-2所示。

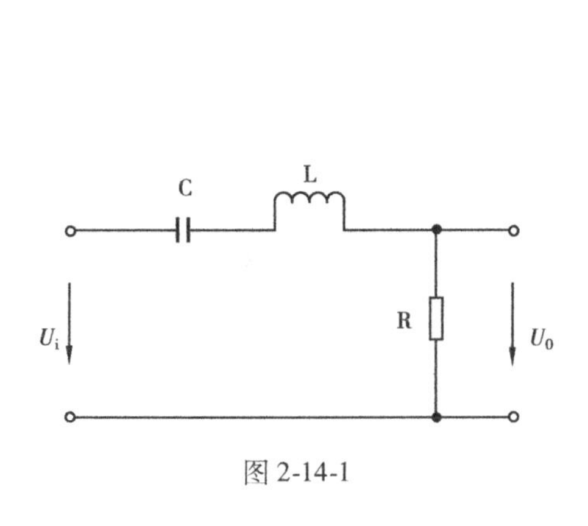

图2-14-1

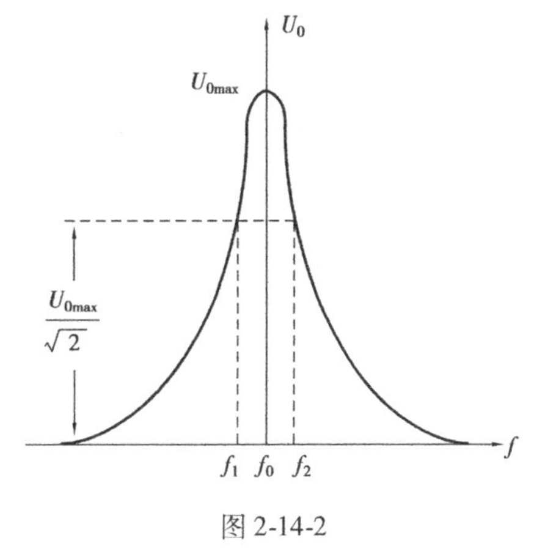

图2-14-2

2. 谐振的条件和特点

在$f=f_0=\dfrac{1}{2\pi\sqrt{LC}}$处，即幅频特性曲线尖峰所在的频率点称为谐振频率。此时$X_L=X_C$，电路呈纯阻性，电路阻抗的模为最小。在输入电压U_i为定值时，电路中的电流达到最大值，且与输入电压U_i同相位。从理论上讲，此时$U_i=U_R=U_0$，$U_L=U_C=QU_i$，式中的Q称为电路品质因数。

3. 电路品质因数Q的两种测量方法

一是根据公式$Q=\dfrac{U_L}{U_0}=\dfrac{U_C}{U_0}$测量，式中$U_C$与$U_L$分别为谐振时电容器C和电感线圈L上的电压；另一方法是先测量谐振曲线的通频带宽度$\Delta f(\Delta f=f_2-f_1)$，再根据$Q=\dfrac{f_0}{f_2-f_1}$求出$Q$值。式中$f_0$为谐振频率，$f_2$和$f_1$是失谐时，亦即输出电压的幅度下降到最大值的$1/\sqrt{2}$（$\approx$0.707）时的上、下截止频率点。$Q$值越大，曲线越尖锐，通频带越窄，电路的选择性越好。在恒压源供电时，电路的品质因数、选择性及通频带只取决于电路本身的参数，与信号源无关。

三、实验设备

本实验实验设备如表2-14-1所示。

表2-14-1

序号	设备名称	型号与规格	数量
1	任意波形信号发生器	AFG-2225	1
2	双踪示波器	GDS-1072B	1
3	电路实验板2	R(200 Ω),L(27 mH),C(0.01 μF)	各1

四、电路实验板

电路实验板如图2-14-3所示。

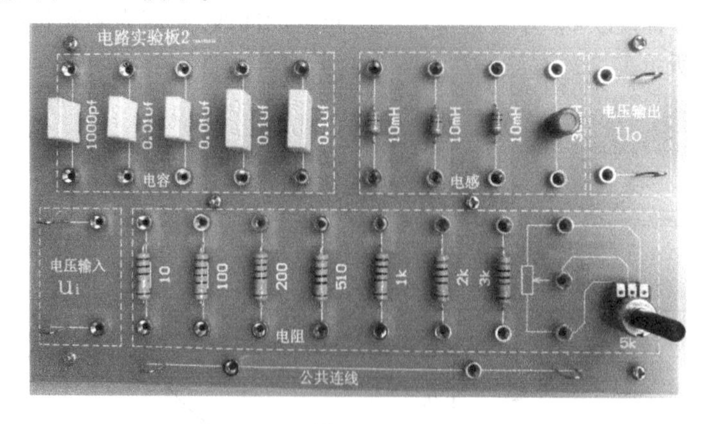

图2-14-3

五、实验步骤

①调节任意波形信号发生器（信号源），使输出频率为9 kHz，峰值$U_m=4V_P$的正弦信号，

并在实验过程中保持 U_m 不变。

②按图 2-14-4 接线。信号源红色夹子接电容 C 的左端，黑色夹子接 R 的下端，作为激励源 U；示波器 CH1 通道红色夹子接 R 的上端，黑色夹子接 R 的下端，显示输出波形；示波器 CH2 通道关闭不用。

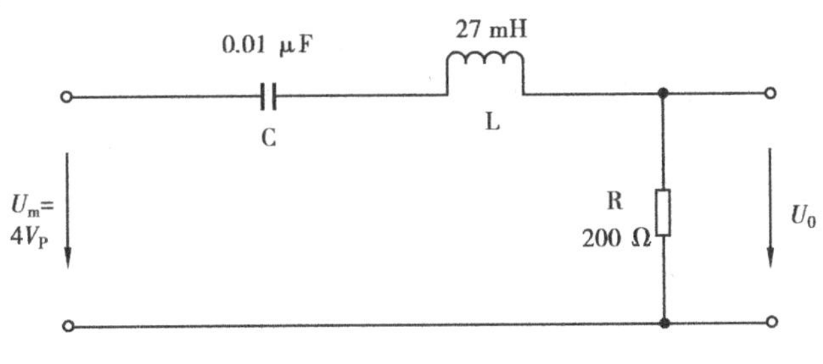

图 2-14-4

③确定电路的谐振频率 f_0。方法是：减小或增大信号源的频率，此时示波器显示屏上 CH1 的正弦信号幅度也会随之变化，当 CH1 的均方根值（即 U_0）读数最大时即为谐振点。读取此时信号源上的频率，该频率即为电路的谐振频率 f_0（约为 9.5 kHz）。将示波器 CH1 通道探头分别接在 C、L 两端测量此时对应的 U_C 与 U_L，并记录于表 2-14-2 中。

④将测得的谐振点电压 U_0 乘以 0.707，得到上、下截止频率点电压，记入表 2-14-2 中。逐渐递增或递减频率，当示波器上 CH1 的均方根值（即 U_0）读数刚好等于计算出来的上、下截止频率点电压时，信号源上的频率值即为电路的上、下截止频率。将示波器 CH1 通道探头分别接在 C、L 两端测量此时对应的 U_C 与 U_L，并记录于表 2-14-2 中。

⑤在谐振点两侧，递增或递减频率，按照表 2-14-2 中 U_0 的要求依次取测量点，逐一测量 f, U_0, U_L, U_C，并将结果记录于表 2-14-2 中。

表 2-14-2

$U_m = 4V_P$

			f_1	f_0	f_2		
			$0.707U_0$	U_0	$0.707U_0$		
f/kHz							
U_0/V	0.3	0.5				0.5	0.3
U_L/V							
U_C/V							

⑥计算。

谐振频率 f_0 = ______ kHz，通频带 $f_2 - f_1$ = ______ kHz，品质因数 $Q = f_0/(f_2 - f_1)$ = ______。

六、实验注意事项

（1）测量频率点应靠近谐振频率附近多取几点。在变换频率测试前，应调整信号输出幅度（用示波器监测输出幅度），使其维持在最大值 $4V_P$。

（2）实验中，信号源的外壳应与示波器的外壳绝缘（不共地）。若能用浮地式交流毫伏表测量,则效果更佳。

七、预习思考题

(1)根据电路实验板给出的元件参数值,估算电路的谐振频率。
(2)改变电路的哪些参数可以使电路发生谐振,电路中 R 的数值是否影响谐振频率?
(3)如何判别电路是否发生谐振? 测试谐振点的方案有哪些?
(4)要提高 R、L、C 串联电路的品质因数,电路参数应如何改变?
(5)本实验在谐振时,对应的 U_L 与 U_C 是否相等? 如有差异,原因何在?

八、实验报告

(1)根据测量数据,绘出幅频特性曲线。
(2)通过本次实验,总结、归纳串联谐振电路的特性。

2.15 三相交流电路电压、电流的测量

一、实验目的

(1)掌握三相负载作星形连接、三角形连接的方法,验证这两种接法下线、相电压及线、相电流之间的关系。
(2)充分理解三相四线供电系统中中线的作用。

二、实验原理

①三相负载可接成星形(又称"Y"接)或三角形(又称"△"接)。当对称三相负载作星形连接时,线电压 U_L 是相电压 U_P 的$\sqrt{3}$倍。线电流 I_L 等于相电流 I_P,即 $U_L=\sqrt{3}U_P$,$I_L=I_P$。在这种情况下,流过中线的电流 $I_N=0$,所以可以省去中线。

当对称三相负载作三角形连接时,$U_L=U_P$,$I_L=\sqrt{3}I_P$。

②不对称三相负载作星形连接时,必须采用三相四线制接法。而且中线必须牢固连接,以保证不对称三相负载的每相电压维持对称不变。

倘若中线断开,则会导致三相负载电压不对称,致使负载轻的一相相电压过高,进而使负载遭到损坏;负载重的一相相电压又过低,使负载不能正常工作。尤其是对三相照明负载,无条件地一律采用三相四线制接法。

③当不对称负载作三角形连接时,$I_L\neq\sqrt{3}I_P$,但只要电源的线电压对称,那么加在三相负载上的电压仍是对称的,对各相负载工作没有影响。

三、实验设备

本实验实验设备如表 2-15-1 所示。

表 2-15-1

序号	设备名称	型号与规格	数量
1	三相四线制交流电源	380 V/220 V	1
2	单相电量仪	500 V/2 A	1
3	三相灯组负载	220 V,40 W 白炽灯	8
4	电流插座	—	4

四、实验步骤

1. 三相负载星形连接(三相四线制供电)

①按图 2-15-1 连接实验电路,C′相负载只连一组,画虚线的负载暂时不接入电路,经指导教师检查合格后,方可接通实验台电源。

②按表 2-15-2 中“三相平衡”的要求依次测量三相负载的线电压、相电压、线电流、相电流、中线电流、电源与负载中点间的电压,并将所测得的数据记入表 2-15-2。

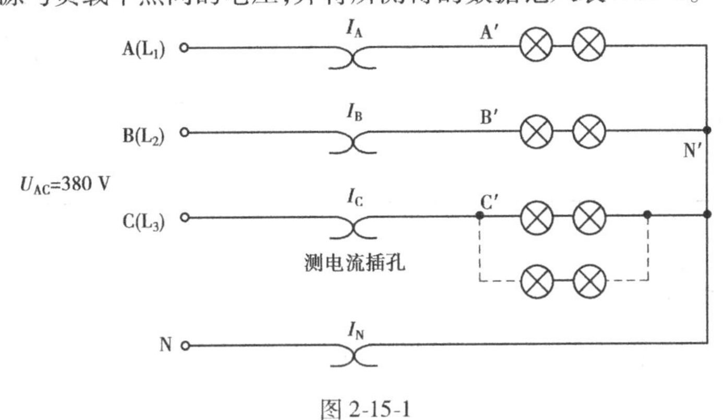

图 2-15-1

③在有中线的状态下,将 C′相负载的灯泡增加一组,即将画虚线的负载接入电路,其他两相仍各为一组,按表 2-15-2 中“三相不平衡”的要求重复实验步骤②。在测量数据的同时观察各相灯组亮暗的变化情况,应特别注意观察中线在三相四线制供电系统中的作用。

④将 C′相负载的所有灯泡断开,按表 2-15-2 中“C′相断开”的要求重复实验步骤②。

表 2-15-2

负载情况 \ 测量数据		线电流/A			电源线电压/V			负载相电压/V			中线电流 I_N/A	中点电压 $U_{NN'}$/V
		I_A	I_B	I_C	U_{AB}	U_{BC}	U_{CA}	$U_{A'N'}$	$U_{B'N'}$	$U_{C'N'}$		
三相平衡	有中线											
	无中线											
三相不平衡	有中线											
	无中线											
C′相断开	有中线											
	无中线											

2. 三相负载三角形连接(三相三线制供电)

按图 2-15-2 连接实验电路,经指导教师检查合格后接通三相电源,并按表 2-15-3 的内容进行测量。在测量数据的同时观察各相灯组亮暗的变化情况,并比较线、相电流$\sqrt{3}$倍关系的变化。

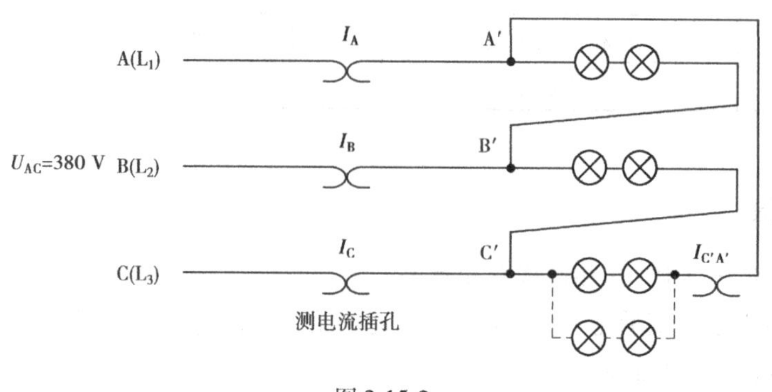

图 2-15-2

表 2-15-3

测量数据 / 负载情况	电源线电压(负载相电压)/V			线电流/A	相电流/A
	U_{AB}	U_{BC}	U_{CA}	I_C	$I_{C'A'}$
三相平衡					
三相不平衡					

五、实验注意事项

(1)本实验采用三相交流电,线电压为 380 V,实验时要注意人身安全,不可触及导电部件,以防止意外事故发生。

(2)每次接线完毕,同组同学应自查一遍,然后经指导教师检查合格后,方可接通电源。实验中必须严格遵守“先断电、再接线、后通电;先断电、后拆线”的实验操作原则。

六、预习思考题

(1)三相负载根据什么条件作星形或三角形连接?

(2)复习三相交流电路有关内容,试分析三相星形连接不对称负载在无中线情况下,当某相负载开路或短路时会出现什么情况?如果接上中线,情况又将如何?

(3)本次实验中为什么将两只 220 V 灯泡串联使用?

七、实验报告

(1)用实验测得的数据验证对称三相电路中线、相电流的$\sqrt{3}$倍关系。

(2)用实验数据和观察到的现象,总结三相四线制供电系统中中线的作用。

(3)三角形连接的不对称负载能否正常工作?实验是否能证明这一点?

2.16　非正周期电流电路的研究

一、实验目的

(1)认识方波的傅氏分解。

(2)基波与三次谐波的合成。

二、实验原理

图 2-16-1(a)所示为方波为奇函数、奇谐波函数,故分解为

$$u(t) = \frac{4U_m}{\pi}\left(\sin \omega t + \frac{1}{3}\sin 3\omega t + \frac{1}{5}\sin 5\omega t + \cdots + \frac{1}{k}\sin k\omega t + \cdots\right)(k \text{ 为奇数})$$

其基波和各次谐波振幅按波次成反比降低。通过调谐于基波和三次谐波的 R、L、C 串联谐振电路,可以从电路 R 两端获得基波波形和三次谐波波形,以及它们的合成波波形,如图 2-16-1(b)所示。由于实验电容有不同程度的漏电,因此其谐振电路实为串并联谐振,电容电压不是滞后电源电压$\frac{\pi}{2}$,而是滞后一个锐角,致使各次谐波初相均不相同,其基波、三次谐波叠加后的合成波的波形也是不对称的马鞍形,如图 2-16-1(c)所示。

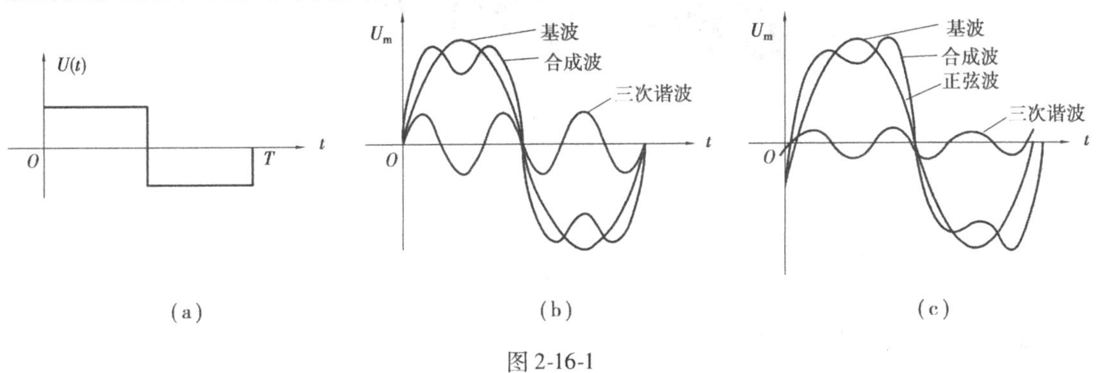

图 2-16-1

由于各谐振电路 Q 值不同,因而获得的基波、三次谐波电压振幅也不成$\frac{1}{k}$的关系。方波的高次谐波通过 C_0 漏去,如图 2-16-2 所示。

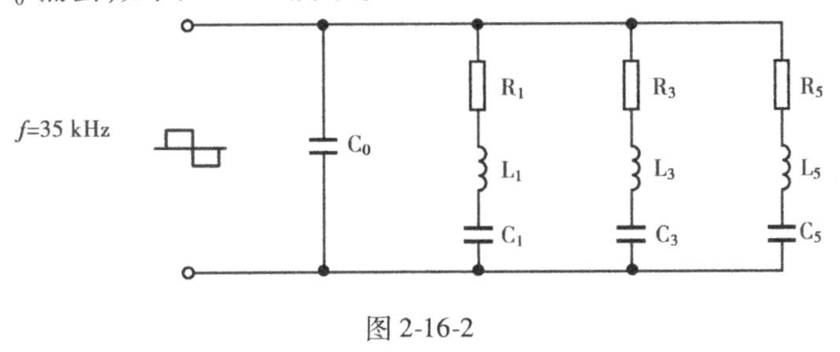

图 2-16-2

三、实验设备

本实验实验设备如表 2-16-1 所示。

表 2-16-1

序号	设备名称	型号与规格	数量
1	任意波形信号发生器	AFG-2225	1
2	双踪示波器	GDS-1072B	1
3	实验装置	自制	1

实验装置如图 2-16-3 所示。

图 2-16-3

四、实验步骤

实验电路图如图 2-16-2 所示。

①在图 2-16-2 中，于电路左侧输入方波信号，$f=35$ kHz，$U_m=3V_P$，用双踪示波器的 CH1 探头监测输入信号，观察方波。

②用双踪示波器的 CH2 探头取 R_1 上的信号，调节 C_1，使基波振幅最大，观察之。

③将 CH1 探头换接至 R_3 上，调节 C_3，让三次谐波振幅最大，观察之。

④用双踪示波器的“波形运算 +”功能观察基波和三次谐波的合成波。

⑤再用 CH1 探头取 R_5 上的信号，观察五次谐波。

五、注意事项

(1)接线时切忌信号源短路。

(2)使用双踪示波器时注意双踪探头共地。

(3)仔细调节 C_1 或 C_3，注意观察波形变化。

六、思考题

用所学知识分析电路工作原理。

七、实验报告

(1)通过实验所观察到的波形，总结实验结论。
(2)在同一坐标系上绘出方波、基波、三次谐波及合成波的波形。

2.17　RC选频网络特性测试

一、实验目的

(1)熟悉文氏电桥电路和RC双T电路的结构特点及应用。
(2)学会用示波器测定以上两种电路的幅频特性和相频特性。

二、实验原理

1. 文氏电桥电路

文氏电桥电路是一个RC的串、并联电路，如图2-17-1所示。该电路结构简单，作为选频环节被广泛用在低频振荡电路中，可以获得很高纯度的正弦波电压。

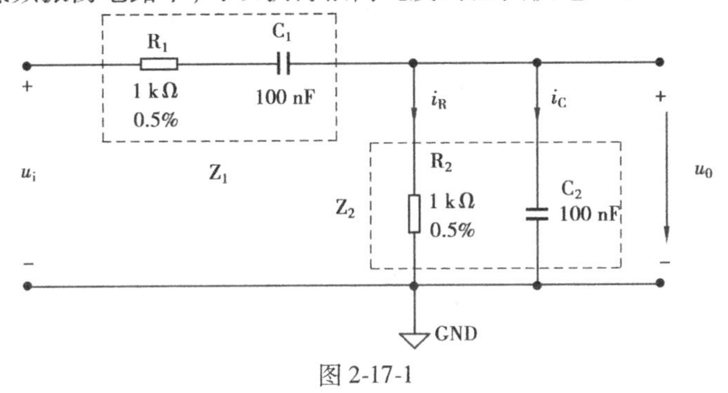

图2-17-1

①幅频特性曲线

用信号发生器的正弦输出信号作为图2-17-1的激励信号u_i，并在保持U_i值不变的情况下，改变输入信号的频率f，用示波器测出输出端对应于各个频率点下的输出电压U_0值，将这些数据画在以频率f为横轴，U_0为纵轴的坐标纸上，用一条光滑的曲线连接这些点，该曲线就是上述电路的幅频特性曲线。

文氏电桥电路的一个特点是其输出电压的幅度不仅会随输入信号的频率而变，而且还会出现一个与输入电压同相位的最大值，如图2-17-2(a)所示。

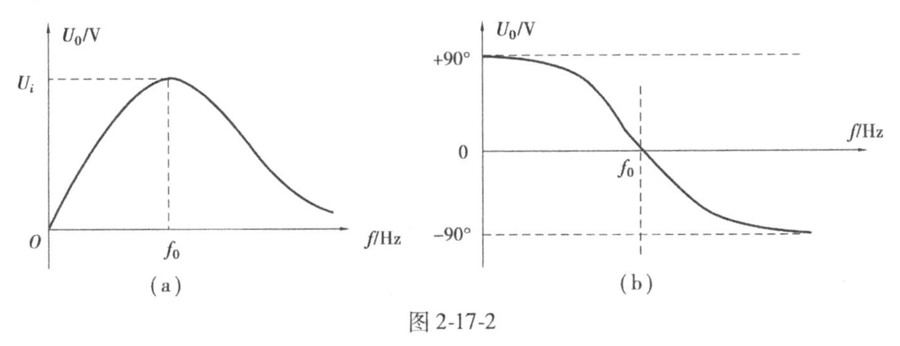

图2-17-2

由电路分析可知，该网络的传递函数为

$$\beta = \frac{1}{3 + j\left(\omega RC - \frac{1}{\omega RC}\right)}$$

当角频率 $\omega = \omega_0 = \frac{1}{RC}$时，$|\beta| = \frac{U_0}{U_i} = \frac{1}{3}$，此时 u_0 与 u_i 同相。由图 2-17-2(a)可见，RC 串并联电路具有带通特性。

②相频特性曲线

将图 2-17-1 所示电路的输入和输出分别接到双踪示波器的 CH1 和 CH2 两个输入端，改变输入正弦信号的频率，观察相应的输入和输出波形间的时延 τ 及信号的周期 T，两波形间的相位差为 $\varphi = \frac{\tau}{T} \times 360° = \varphi_0 - \varphi_i$。

将各个不同频率下的相位差 φ 画在以 f 为横轴，φ 为纵轴的坐标纸上，用光滑的曲线将这些点连接起来，即是被测电路的相频特性曲线，如图 2-17-2(b)所示。

由电路分析理论可知，当 $\omega = \omega_0 = \frac{1}{RC}$，即 $f = f_0 = \frac{1}{2\pi RC}$时，$\varphi = 0$，即 u_0 与 u_i 同相位。

2. RC 双 T 电路

RC 双 T 电路如图 2-17-3 所示。由电路分析可知，双 T 电路零输出的条件为

$$\frac{1}{R_1} + \frac{1}{R_2} = \frac{1}{R_3}, C_1 + C_2 = C_3$$

若选

$$R_1 = R_2 = R, C_1 = C_2 = C$$

则

$$R_3 = \frac{R}{2}, C_3 = 2C$$

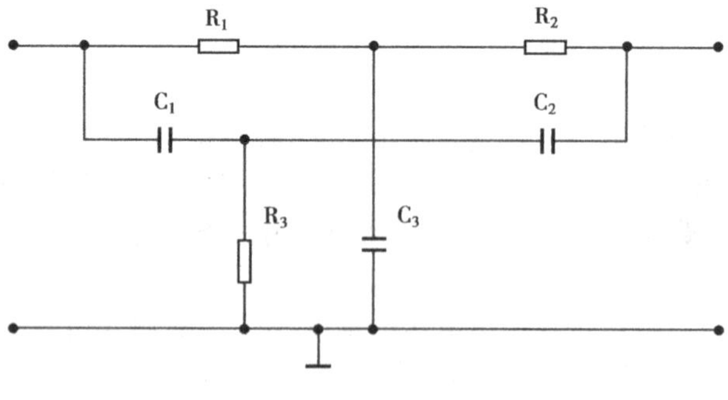

图 2-17-3

该双 T 电路的频率特性为$\left(令\ \omega_0 = \frac{1}{RC}\right)$

$$F(\omega) = \frac{\frac{1}{2}\left(R + \frac{1}{j\omega C}\right)}{\frac{2R(1 + j\omega RC)}{1 - \omega^2 R^2 C^2} + \frac{1}{2}\left(R + \frac{1}{j\omega C}\right)} = \frac{1 - \left(\frac{\omega}{\omega_0}\right)^2}{1 - \left(\frac{\omega}{\omega_0}\right) + j4\frac{\omega}{\omega_0}}$$

当 $\omega = \omega_0 = \frac{1}{RC}$时，输出幅值等于 0，相频特性呈现 ±90°的突跳。

参照文氏电桥电路的做法,也可画出双T电路的幅频和相频特性曲线,如图2-17-4所示。由图可见,双T电路具有带阻特性。

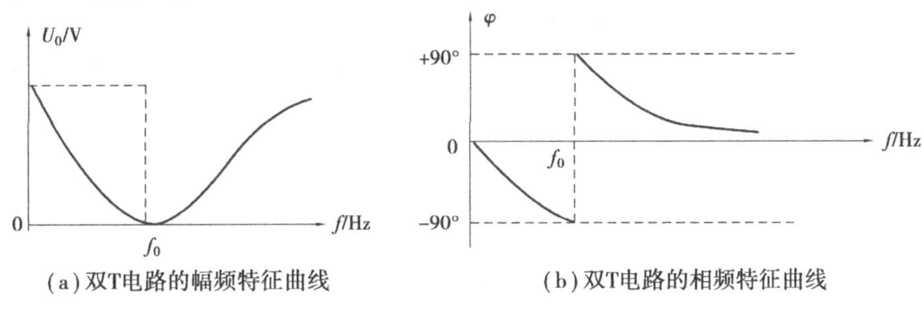

(a)双T电路的幅频特征曲线　　(b)双T电路的相频特征曲线

图2-17-4

三、实验设备

本实验实验设备如表2-17-1所示。

表2-17-1

序号	名称	型号与规格	数量
1	任意波形信号发生器	AFG-2225	1
2	双踪示波器	GDS-1072B	1
3	RC选频网络实验板	R(1 kΩ,200 Ω) C(0.1 μF,2.2 μF)	各1

RC选频网络实验板如图2-17-5所示。

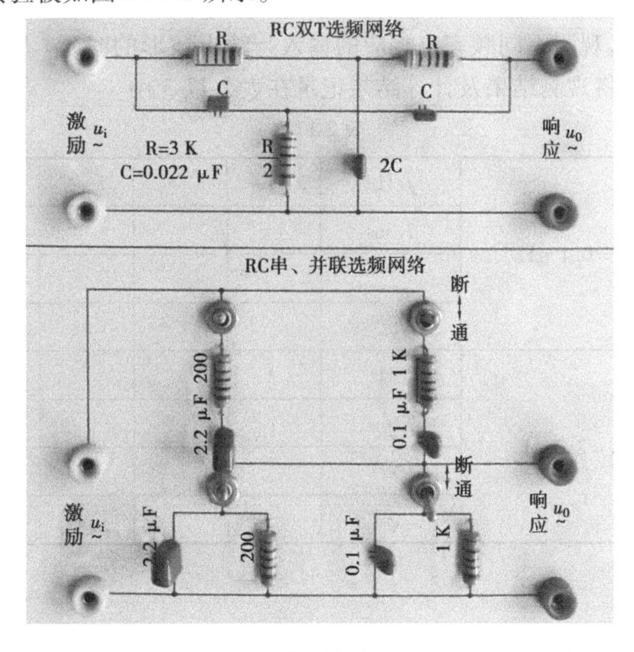

图2-17-5

四、实验步骤

1. 测量 RC 串、并联电路的幅频特性

①利用图 2-17-5 上“RC 串、并联选频网络”线路，组成图 2-17-1 所示电路，取 $R=1\ \text{k}\Omega$，$C=0.1\ \mu\text{F}$。

②调节信号源输出电压有效值为 3 V 的正弦信号，接入图 2-17-1 所示的输入端。

③改变信号源的频率 f（由信号源或示波器读得），并保持 $U_i=3$ V 不变，测量输出电压 U_0，并记录于表 2-17-2 中（可先测量 $\beta=\frac{1}{3}$ 时的频率 f_0，然后再在 f_0 左右设置其他频率点测量）。

④取 $R=200\ \Omega$，$C=2.2\ \mu\text{F}$，重复上述测量。

表 2-17-2

测量值 / 参数		f_1	f_0	f_2	
$R=1\ \text{k}\Omega, C=0.1\ \mu\text{F}$					
$R=200\ \Omega, C=2.2\ \mu\text{F}$					

2. 测量 RC 串、并联电路的相频特性

将图 2-17-1 中的输入 u_i 和输出 u_0 分别接至双踪示波器的 CH1 和 CH2 两个输入端，改变输入正弦信号的频率，观测不同频率点相应的输入与输出波形的时延 τ 及信号的周期 T，计算两波形的相位差。并将观测结果及计算结果记录在表 2-17-3 中。

表 2-17-3

$R=1\ \text{k}\Omega, C=0.1\ \mu\text{F}$	f/Hz					
	T/ms					
	τ					
	φ					
$R=200\ \Omega, C=2.2\ \mu\text{F}$	f/Hz					
	T/ms					
	τ					
	φ					

3. 自主实验

①测量图 2-17-5 中“RC 双 T 选频网络”的幅频特性，信号源输出不变，表格自制。

②测量图 2-17-5 中“RC 双 T 选频网络”的相频特性，信号源输出不变，表格自制。

五、实验注意事项

由于信号源内阻的影响，输出幅度会随信号变化。因此，在调节输出频率时，应同时调节输出幅度，使实验电路的输入电压保持不变。

六、预习思考题

(1)估算 RC 串、并联电路两组参数的固有频率f_0。

(2)推导 RC 串、并联电路的幅频特性、相频特性的数学表达式。

七、实验报告

(1)根据实验数据，绘制幅频特性和相频特性曲线，找出最大值，并与理论计算值比较。

(2)讨论实验结果。

2.18　二端口网络测试

一、实验目的

(1)加深对双口网络基本理论的理解。

(2)掌握直流双口网络传输参数的测量方法。

二、实验原理

对于任何一个线性网络，我们所关心的往往只是输入端口和输出端口的电压和电流之间的相互关系。通过实验测量的方法，取一个极其简单的等效双口网络来代替原网络，这就是“黑盒理论”的基本内容。

1. 同时测量法

无源线性双口网络的示意图如图 2-18-1 所示。无源线性双口网络的传输方程为

$$U_1 = AU_2 + BI_2$$
$$I_1 = CU_2 + DI_2$$

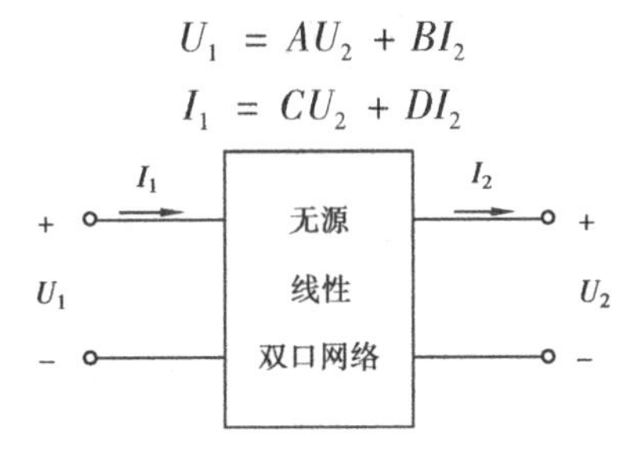

图 2-18-1

式中 A、B、C、D 为无源线性双口网络的传输参数，其值完全取决于网络的拓扑结构及各元件的参数。这 4 个参数表征了该双口网络的基本特性，其含义如下：

$A=\left.\frac{U_{10}}{U_{20}}\right|_{I_2=0}$——出口开路时的电压比；

$B=\left.\frac{U_{1S}}{I_{2S}}\right|_{U_2=0}$——出口短路时的转移阻抗；

$C=\left.\frac{I_{10}}{U_{20}}\right|_{I_2=0}$——出口开路时的转移电导；

$D=\left.\frac{I_{1S}}{I_{2S}}\right|_{U_2=0}$——出口短路时的电流比。

由上可知，只要在网络的输入端口加上电压，在两个端口同时测量其电压、电流，即可求出 A、B、C、D 4 个参数。

2. 分别测量法

若要测量一条远距离输电线构成的双口网络，采用同时测量法就很不方便。这时可采用分别测量法，即先在输入端口加电压，而将输出端口开路和短路，在输入端口测量电压和电流。此时由传输方程得：

$R_{10}=\left.\frac{U_{10}}{I_{10}}\right|_{I_2=0}=\frac{A}{C}$：出口开路时的入口等效电阻；

$R_{1S}=\left.\frac{U_{1S}}{I_{1S}}\right|_{U_2=0}=\frac{B}{D}$：出口短路时的入口等效电阻。

然后在输出端口加电压，而将输入端口开路和短路，测量输出端口的电压和电流。此时由传输方程得：

$R_{20}=-\left.\frac{U_{20}}{I_{20}}\right|_{I_1=0}=\frac{D}{C}$：入口开路时的出口等效电阻；

$R_{2S}=-\left.\frac{U_{2S}}{I_{2S}}\right|_{U_1=0}=\frac{B}{A}$：入口短路时的出口等效电阻。

以上 4 个参数中只有 3 个是独立的（因为 $AD-BC=1$）。由此，可求出 4 个传输参数为

$$A=\sqrt{\frac{R_{10}}{(R_{20}-R_{2S})}}$$

$$B=R_{2S}A$$

$$C=\frac{A}{R_{10}}$$

$$D=R_{20}C$$

3. 双口网络级联后的传输参数

双口网络级联后的等效双口网络的传输参数也可采用前述方法之一求得。理论推得：两个双口网络级联后的传输参数与每一个参与级联的双口网络的传输参数之间的关系为

$$A=A_1A_2+B_1C_2$$

$$B=A_1B_2+B_1D_2$$

$$C=C_1A_2+D_1C_2$$

$$D=C_1B_2+D_1D_2$$

三、实验设备

本实验实验设备如表 2-18-1 所示。

表 2-18-1

序号	名称	型号与规格	数量
1	可调直流稳压电源	0 ~ 30 V	1
2	数字直流电压表	0 ~ 20 V	1
3	数字直流毫安表	0 ~ 200 mA	1
4	双口网络实验电路板	—	1

四、实验步骤

双口网络实验电路如图 2-18-2 所示。将直流稳压电源的输出电压调到 10 V，作为双口网络的输入。

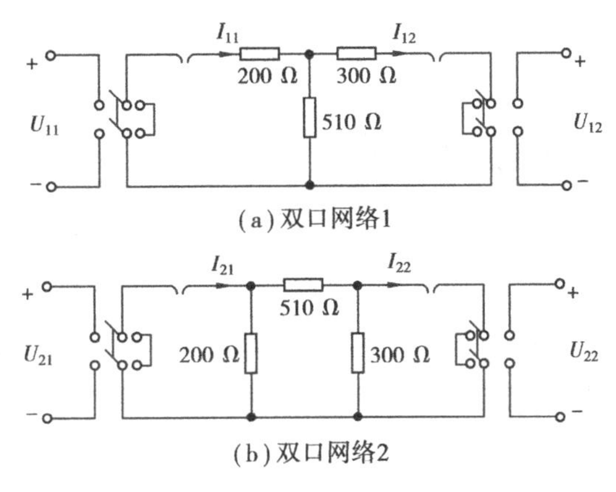

(a) 双口网络1

(b) 双口网络2

图 2-18-2

①按照同时测量法测量图 2-18-2 中“(a) 双口网络 1”的传输参数 A_1、B_1、C_1、D_1，并将结果记录于表 2-18-2 中。

表 2-18-2

	测量值			计算值	
输出端口开路 $I_{12}=0$	U_{110}/V	U_{120}/V	I_{110}/mA	A_1	C_1
输出端口短路 $U_{12}=0$	U_{11S}/V	I_{11S}/mA	I_{12S}/mA	B_1	D_1

②按照同时测量法测量图 2-18-2 中“(b) 双口网络 2”的传输参数 A_2、B_2、C_2、D_2，并将结果记录于表 2-18-3 中。

表 2-18-3

输出端口开路 $I_{22}=0$	测量值			计算值	
	U_{210}/V	U_{220}/V	I_{210}/mA	A_2	C_2
输出端口短路 $U_{22}=0$	U_{21S}/V	I_{21S}/mA	I_{22S}/mA	B_2	D_2

③将两个双口网络级联，即将网络 1 的输出接至网络 2 的输入。用同时测量法测量级联后等效双口网络的传输参数 A、B、C、D，并记录于表 2-18-4。

表 2-18-4

输出端口开路 $I_2=0$			输出端口短路 $U_2=0$			计算传输参数	
U_{10}/V	I_{10}/mA	U_{20}/V	U_{1S}/V	I_{1S}/mA	I_{2S}/mA	$A=$	$C=$
						$B=$	$D=$

五、实验注意事项

(1)测量电流时，要注意判别电流表的极性。

(2)计算传输参数时，I、U 均取其正值。

六、预习思考

(1)试述双口网络同时测量法与分别测量法的步骤、优缺点及适用情况。

(2)本实验方法可否用于交流双口网络的测定？

七、实验报告

(1)完成数据表格的测量和计算任务。

(2)列写双口网络 1 和 2 的传输方程。

(3)验证级联后等效双口网络的传输参数与级联的两个双口网络传输参数之间的关系。

(4)总结、归纳双口网络的测量方法。

2.19 受控源 VCVS、VCCS、CCVS、CCCS 的研究

一、实验目的

通过测试受控源的外特性及其转移参数，进一步理解受控源的物理概念，加深对受控源的认识和理解。

二、实验原理

1. 独立源、受控源、无源元件的区别

电源有独立电源（如电池、发电机等）与非独立电源（或称受控源）。

受控源与独立源的区别：独立源的电动势 E_S 或电流 I_S 是某一固定的数值或时间的某一函数，它不随电路其余部分状态的改变而改变。而受控源的电动势或电流则是随电路中另一支路的电压或电流的变化而变化的。

受控源与无源元件的区别：无源元件两端的电压和它自身的电流有一定的函数关系，而受控源的输出电压或电流则和另一支路（或元件）的电流或电压有某种函数关系。

2. 受控源的分类

独立源与无源元件是二端元件，受控源则是四端元件，或称为双口元件。它有一对输入端（U_1、I_1）和一对输出端（U_2、I_2）。输入端可以控制输出端电压或电流的大小。施加于输入端的控制量可以是电压或电流，因而有两种受控电压源（电压控制电压源 VCVS 和电流控制电压源 CCVS）和两种受控电流源（电压控制电流源 VCCS 和电流控制电流源 CCCS）。

3. 线性受控源

当受控源的输出电压（或电流）与控制支路的电压（或电流）成正比变化时，则称该受控源是线性的。

理想受控源的控制支路只有一个独立变量（电压或电流），另一个独立变量等于零，即从输入端看，理想受控源或是短路（即输入电阻 $R_1=0$，因而 $U_1=0$）或是开路（即输入电导 $G=0$，因而输入电流 $I_1=0$）；从输出端看，理想受控源或是一个理想电压源或是一个理想电流源，如图 2-19-1 所示。

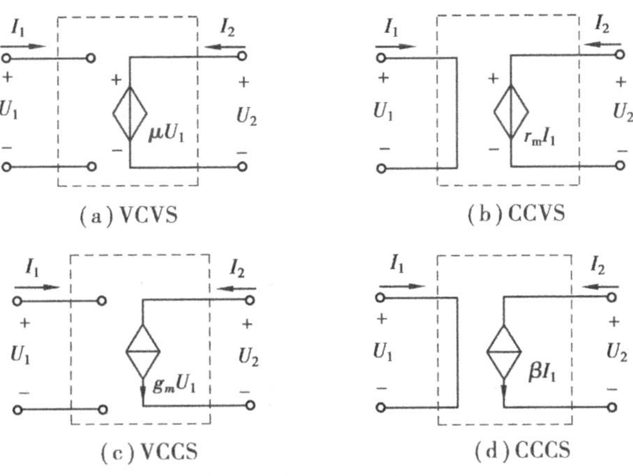

图 2-19-1

4. 转移函数参量

受控源的控制端与受控端的关系式称为转移函数。4 种受控源的定义及其转移函数参量的定义如下：

①电压控制电压源（VCVS）：$U_2=f(U_1)$；$\mu=\dfrac{U_2}{U_1}$，称为转移电压比（或电压增益）。

②电压控制电流源（VCCS）：$I_2=f(U_1)$；$g_m=\dfrac{I_2}{U_1}$，称为转移电导。

③电流控制电压源（CCVS）：$U_2=f(I_1)$；$r_m=\dfrac{U_2}{I_1}$，称为转移电阻。

④电流控制电流源(CCCS):$I_2=f(I_1)$;$\beta=\frac{I_2}{I_1}$,称为转移电流比(或电流增益)。

三、实验设备

本实验实验设备如表2-19-1所示。

表2-19-1

序号	名称	型号与规格	数量
1	可调直流稳压电源	0~30 V	1
2	可调直流恒流源	0~200 mA	1
3	直流数字电压表	0~20 V	1
4	直流数字毫安表	0~200 mA	1
5	可变电阻箱	0~99 999.9 Ω	1
6	受控源实验电路板	—	1

四、实验步骤

①测量受控源VCVS的转移特性 $U_2=f(U_1)$ 及负载特性 $U_2=f(I_L)$,实验电路图如图2-19-2所示。

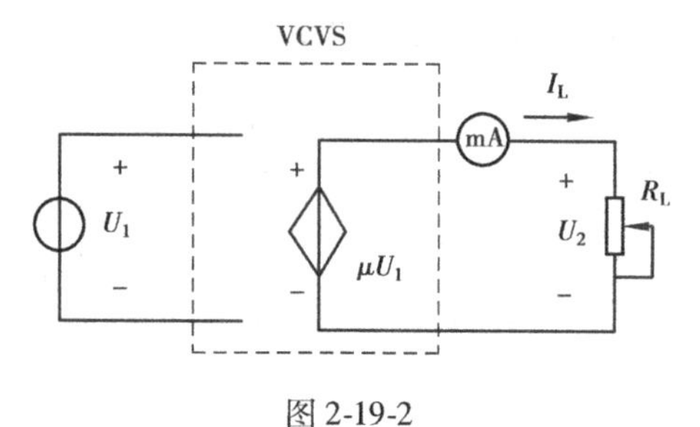

图2-19-2

a.不接电流表,固定 $R_L=2\ \text{k}\Omega$,调节稳压电源输出电压 U_1,测量 U_1 及相应的 U_2,将测得的数据记录于表2-19-2中。

表2-19-2

U_1/V	0	1	2	3	5	7	8	9	μ
U_2/V									

在方格纸上绘出电压转移特性曲线 $U_2=f(U_1)$,并在其线性部分求出转移电压比 μ。

b.接入电流表,保持 $U_1=2$ V,利用电阻箱改变 R_L 的阻值,测 U_2 及 I_L,将测得的数据记录于表2-19-3中,绘制负载特性曲线 $U_2=f(I_L)$。

表2-19-3

R_L/Ω	50	70	100	200	300	400	500	∞
U_2/V								
I_L/mA								

②测量受控源 VCCS 的转移特性 $I_L=f(U_1)$ 及负载特性 $I_L=f(U_2)$，实验电路图如图2-19-3所示。

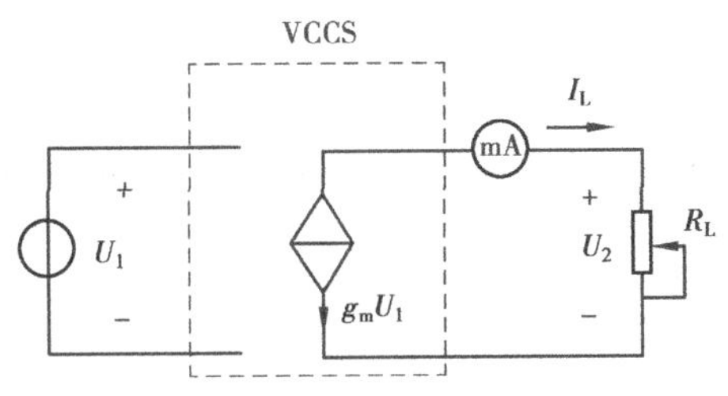

图 2-19-3

a. 固定 $R_L=2\ k\Omega$，调节稳压电源的输出电压 U_1，测出相应的 I_L，将测得的数据记录于表 2-19-4中，绘制 $I_L=f(U_1)$ 曲线，并由其线性部分求出转移电导 g_m。

表 2-19-4

U_1/V	0.1	0.5	1.0	2.0	3.0	3.5	3.7	4.0	g_m
I_L/mA									

b. 保持 $U_1=2$ V，令 R_L 从大到小变化，测出相应的 I_L 及 U_2，将测得的数据记录于表 2-19-5 中，绘制 $I_L=f(U_1)$ 曲线。

表 2-19-5

R_L/kΩ	50	20	10	8	7	6	5	4	2	1
I_L/mA										
U_2/V										

③测量受控源 CCVS 的转移特性 $U_2=f(I_1)$ 与负载特性 $U_2=f(I_L)$，实验电路图如图 2-19-4所示。

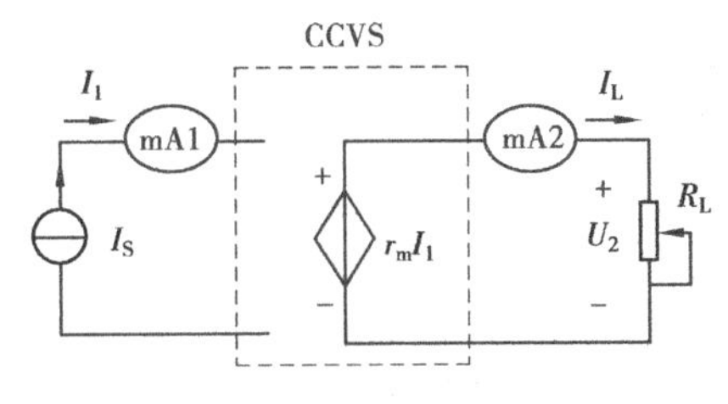

图 2-19-4

a. 固定 $R_L=2\ k\Omega$，调节恒流源的输出电流 I_S，按表 2-19-6 所列 I_S 值测出 U_2，绘制 $U_2=f(I_1)$ 曲线，并由其线性部分求出转移电阻 r_m。

表 2-19-6

I_S/mA	0.1	1.0	3.0	5.0	7.0	8.0	9.0	9.5	r_m
U_2/V									

b. 保持 $I_S=2$ mA，按表 2-19-7 所列 R_L 值测出 U_2 及 I_L，绘制负载特性曲线 $U_2=f(I_L)$。

表 2-19-7

R_L/kΩ	0.5	1	2	4	6	8	10
U_2/V							
I_L/mA							

④测量受控源 CCCS 的转移特性 $I_L=f(I_1)$ 及负载特性 $I_L=f(U_2)$，实验电路图如图 2-19-5 所示。

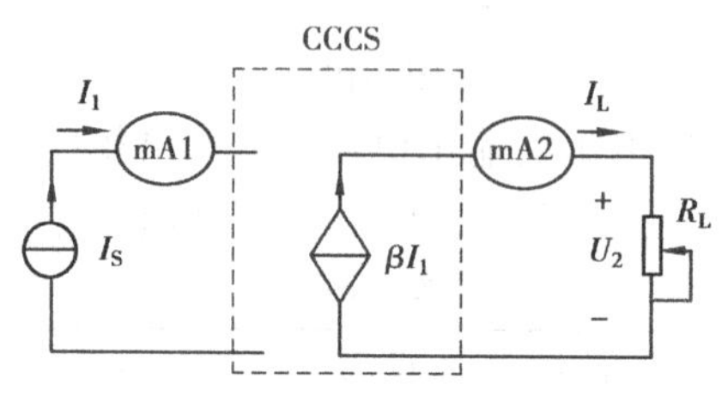

图 2-19-5

a. 固定 $R_L=2$ kΩ，调节恒流源的输出电流 I_S，按表 2-19-8 所列 I_S 值测出 I_L，绘制 $I_L=f(I_1)$ 曲线，并由其线性部分求出转移电流比 β。

表 2-19-8

I_S/mA	0.1	0.2	0.5	1	1.5	2	2.2	β
I_L/mA								

b. 保持 $I_S=1$ mA，令 R_L 为表 2-19-9 所列值，测出 I_L，绘制 $I_L=f(U_2)$ 曲线。

表 2-19-9

R_L/kΩ	0	0.1	0.5	1	2	5	10	20	30	80
I_L/mA										
U_2/V										

五、实验注意事项

(1)每次组装实验电路，必须事先断开供电电源，但不必关闭电源总开关。

(2)在用恒流源供电的实验中，不要使恒流源的负载开路。

六、预习思考题

(1)受控源和独立源相比有何异同？4 种受控源的代号、电路模型、控制量与被控量的关系如何？

(2)4 种受控源中的 r_m、g_m、β 和 μ 的意义是什么？如何测得？

(3)若受控源控制量的极性反向，试问其输出极性是否发生变化？

(4)受控源的控制特性是否适合交流信号？

(5)如何由两个基本的 CCVS 和 VCCS 获得其他两个 CCCS 和 VCVS，它们的输入输出如何连接?

七、实验报告

(1)根据实验数据,在方格纸上分别绘出4种受控源的转移特性和负载特性曲线,并求出相应的转移参数。

(2)对预习思考题作必要的回答。

(3)对实验结果作出合理的分析,并总结对4种受控源的认识和理解。

2.20　用示波器观测磁滞回线

一、实验目的

(1)学习用示波器观测交流磁滞回线。

(2)学习用示波器显示的图形近似计算磁参数。

二、实验原理

铁磁材料在外加磁场作正负变化的反复磁化时,磁感应强度的变化总是滞后于磁场强度的变化,这种现象称为磁滞现象。经过若干次反复磁化后可形成磁滞回线。

图2-20-1所示电路是用示波器观测铁芯磁滞回线的典型电路。

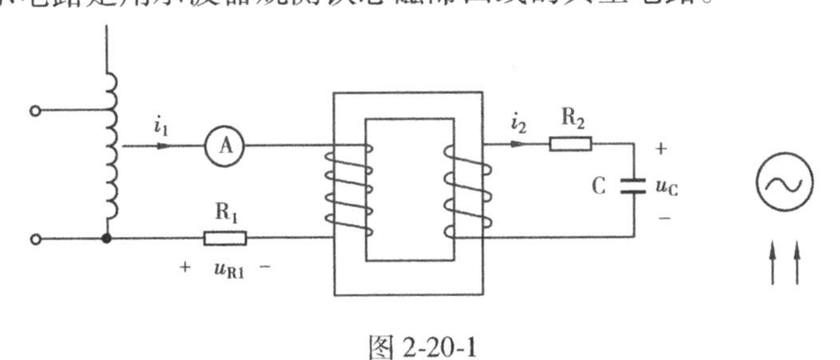

图2-20-1

将电阻R_1上的电压加到示波器的X输入端,这样电子束在水平方向的偏移就正比于磁化电流i_1。又因为

$$HL = N_1 i_1$$

或

$$H = \frac{N_1}{L} i_1$$

即

$$H \propto i_1$$

所以,也可以认为将磁场强度加到示波器X输入端。公式中L为铁芯几何中心长度,N_1为线圈的匝数。

将线圈2的电压经过RC积分电路后,取电容C两端电压u_C加到示波器Y轴输入端。因为线圈2电路中有

$$-N_2S\frac{\mathrm{d}B}{\mathrm{d}t} = L_S\frac{\mathrm{d}i_2}{\mathrm{d}t} + i_2R_2 + \frac{1}{C}\int i_2\mathrm{d}t$$

式中 L_S 为漏电感，在线圈 2 中 L_S 一般很小，故忽略不计；N_2 为线圈匝数；S 为铁芯横截面积。在确定元件 R_2 与 C 时注意使 $u_R \gg u_C$。所以，上式可改写为

$$-N_2S\frac{\mathrm{d}B}{\mathrm{d}t} \approx i_2R_2$$

即

$$i_2 \approx -\frac{N_2S}{R_2}\frac{\mathrm{d}B}{\mathrm{d}t}$$

电容电压可表示为

$$U_C = \frac{1}{C}\int i_2\mathrm{d}t \approx -\frac{N_2S}{CR_2}B$$

即

$$B \propto U_C$$

由此可以认为将磁感应强度加到示波器 Y 输入端，电子束在垂直方向的偏转正比于磁感应强度 B。这样示波器所显示的 $u_C \sim i_1$ 曲线即为 $B \sim H$ 磁滞回线。

铁芯磁化过程中，当交流电压逐渐升高时，磁滞回线的面积也逐渐增大，回线的顶点也发生移动，其轨迹就是基本磁化曲线。当电压增大到一定值时，回线形状基本保持不变，说明铁芯已处于饱和状态，如图 2-20-2 所示。

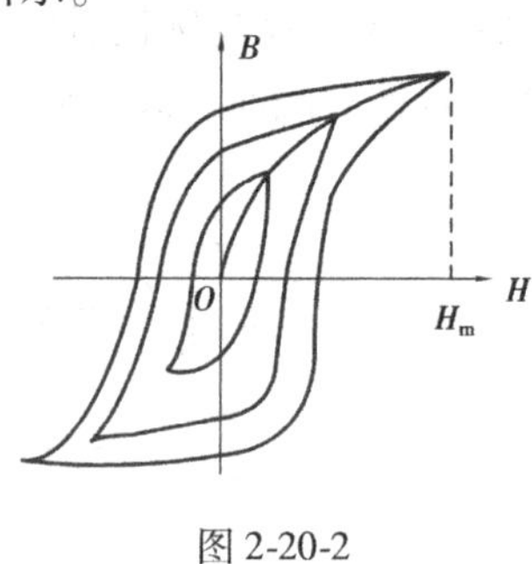

图 2-20-2

三、实验设备

本实验实验设备如表 2-20-1 所示。

表 2-20-1

序号	名称	型号与规格	数量
1	单相调压器	—	1
2	铁芯线圈	—	1
3	电阻	—	2
4	电容	—	1
5	交流电压表	0 ~ 500 V	1
6	交流电流表	0 ~ 2 A	1
7	双踪示波器	GDS-1072B	1

四、实验步骤

(1)按图2-20-1所示电路图接线,将调压器电压从零调节至主线圈额定电压值,并在调节过程中观察磁滞回线随电压的变化情况。描出调节电压时各电压所对应的回线顶点,绘制基本磁化曲线。

*(2)作出调压器电压为线圈额定电压时的磁滞回线。测出线圈1的电流 I_1 及电容电压 U_C,记录实验电路的参数 R_1、R_2、C、N_1、N_2 及磁路长度 L 和铁芯面积 S,计算 B_m、H_m。

$$H_m = \frac{I_1 N_1}{L} \qquad B_m = \frac{CR_2}{N_2 S} U_C$$

五、实验注意事项

改变调压器电压时注意不要超过铁芯线圈的额定电压。

六、预习思考

(1)试述通过示波器观测交流磁滞回线的原理及方法。

(2)如何计算磁参数?

七、实验报告

(1)根据示波器显示的图像绘制基本磁化曲线及额定电压的磁滞回线。

*(2)自拟表格记录磁参数的测量数据,并计算磁参数。

(3)总结、归纳磁滞回线的测量方法(*磁参数的测量计算方法)。

*处内容为选作或了解内容,本书下同。

第 3 章

大型综合实验——常用万用表的设计、安装与调试

3.1　电路理论及电路设计

学习目标

(1)掌握串联、并联电路的特点。

(2)了解交流电的特点,理解二极管的整流原理。

(3)了解电路设计的基本思想。

(4)掌握设计中电路元器件的理论计算和正确选用。

技能目标

(1)会运用电路理论计算电阻参数。

(2)会正确选用电阻器和电容器。

一、万用表电路设计的基本理论

1. 直流电路基本理论

(1)串联电路

①串联电路(图 3-1-1)的基本特点:流过串联电阻上的电流相等;电路总电压等于各串联电路电压之和。

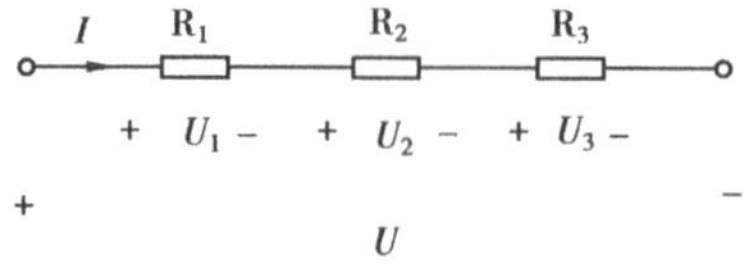

图 3-1-1

②串联电阻的分压:串联电阻具有分压的作用,其分压关系为

$$U_1 = \frac{R_1}{R_1 + R_2 + R_3}U$$

(2)并联电路

①并联电路(图3-1-2)的基本特点:各个并联电阻两端的电压相等;电路总电流等于各支路电流之和。

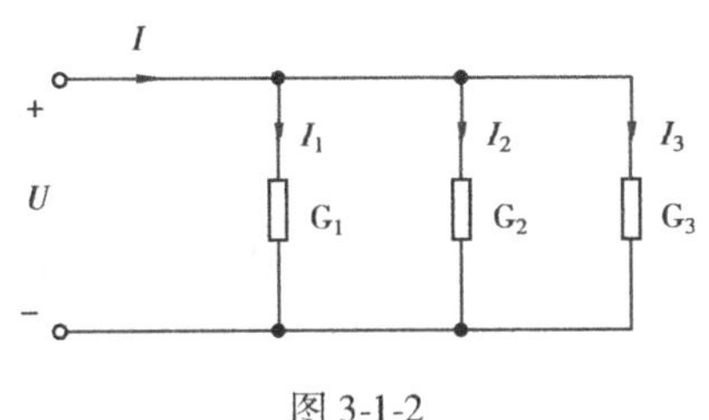

图3-1-2

②并联电阻的分流:并联电阻具有分流的作用,其分流关系为

$$I_1 = \frac{G_1}{G_1 + G_2 + G_3} I$$

2. 交流电路基本理论

(1)交流电

平均值为零的周期电流或电压称为交流电。电流或电压按正弦函数规律变化的交流电流或电压称为正弦交流电。其数学函数式为

$$u_i = U_m \sin \omega t (i_i = I_m \sin \omega t)$$

波形如图3-1-3所示。

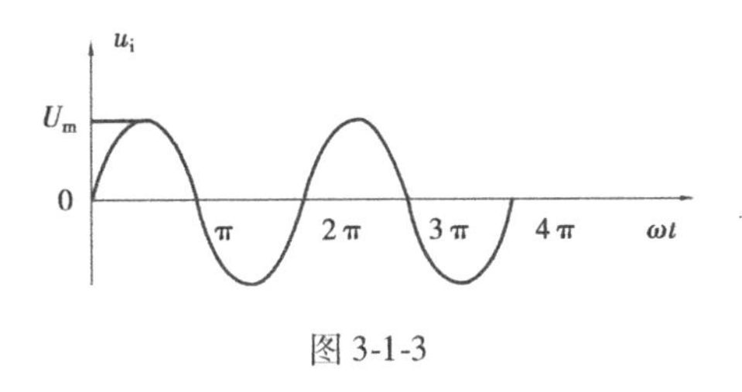

图3-1-3

(2)晶体二极管

①晶体二极管是由半导体材料,经特殊工艺制作而成的一种电路器件,其电路符号如图3-1-4所示。

+　　　　−

图3-1-4

②晶体二极管的基本特性是单向导电性:只允许正向电流通过,即正向导通;不允许反向电流通过,即反向截止。

(3)二极管整流电路及相关参数计算

整流即将交流变为直流,二极管整流的电路图如图3-1-5(a)所示。

①220 V、50 Hz正弦交流电经二极管整流后变为图3-1-5(b)中u_0所示的半波,成为大小随时间变化,而方向不变的直流电。

②基本参数计算

a. 正弦交流电电流的有效值(即均方根值) $\underset{\sim}{I} = \sqrt{\frac{1}{T}\int_0^T (I_m \sin \omega t)^2 \mathrm{d}t} = \frac{I_m}{\sqrt{2}}$

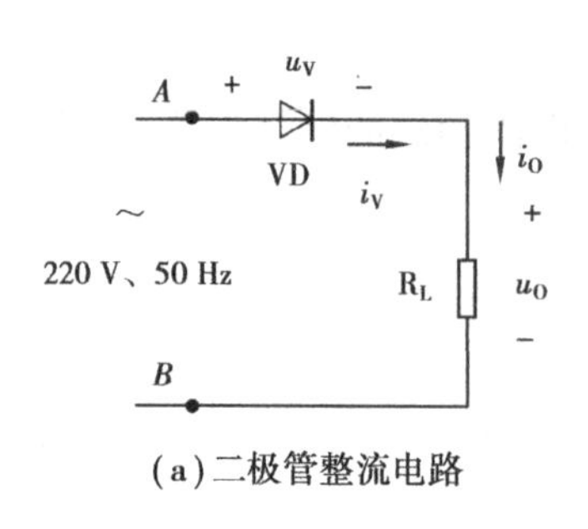

(a)二极管整流电路

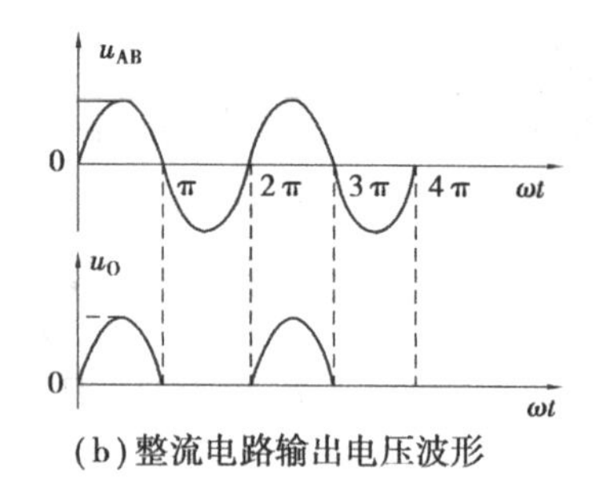

(b)整流电路输出电压波形

图 3-1-5

b. 半波整流电流的平均值(直流)$I_{rect} = \dfrac{\sqrt{2}\,\underset{\sim}{I}}{\pi}$

c. 半波整流电流的有效值 $I_{半波} = \dfrac{\underset{\sim}{I}}{\sqrt{2}}\eta$

二、万用表电路的设计

万用表是电气工程技术人员不可缺少的工具。在对它的电路进行设计的过程中所体现的电路设计思想、电路设计原理及安装和调试工艺是电气工程技术人员必备的基本知识和基本技能。现以 MF-50 型万用表为例,介绍万用表的设计原理。

1. 万用表表头电路

万用表的表头是一支灵敏度较高的磁电式微安表。它的直流灵敏度,即满偏电流值 I_g 一般为几十至几百微安。

当直流电流 I 流经表头时,产生的电磁力矩 $M_1 = NIBS$,此时游丝因扭转而产生的反向力矩 $M_T = a\theta$(其中,a 为游丝扭转系数),当两力矩平衡时,若指针偏角为 θ,则有

$$I = \frac{a}{NBS}\theta = K\theta \tag{3-1}$$

其中,指针偏角 θ 线性地表示出直流电流的量值。当经整流的非正弦周期电流 $|i(t)|$ 流经表头时,则产生瞬时电磁力矩 M_i,则有

$$M_i = N|i(t)|BS$$

上式是一个整体公式,根据动量矩定理,合外力矩的冲量等于物体角动量的增量。故式中 I 为转动部分的转动惯量,ω 为角速度,当频率较高($f>10$ Hz)时,偏转指针基本保持稳定的偏角 θ,则

$$\int_0^T [N|i(t)|BS - a\theta]\mathrm{d}t = \triangle(I_\omega) = 0$$

$$\int_0^T |i(t)|\mathrm{d}t = \frac{a}{NBS}\theta \cdot T = K\theta \cdot T$$

故非正弦周期电流整流平均值 I_{rect} 为

$$I_{rect} = \frac{1}{T}\int_0^T |i(t)|\mathrm{d}t = K\theta \tag{3-2}$$

可见非正弦周期电流整流平均值与等量值直流电流产生相同的偏角 θ,故指针偏角 θ 亦可线性地表示出非正弦周期电流的整流平均值。万用表的表头有一定的直流电阻(R_g),该电阻一般为几百欧至几千欧。为了设计计算及调试方便,常在表头上串联一个与表头内阻 R_g 接

近相等的可调电阻 R_0，使表头支路电阻为 (R_g+R_0)，并调为一个简单整数。比如，若 MF-50 型表头的内阻在 950～1 050 Ω 之间，故 R_0 选用 1 000 Ω 可调电阻，使表头支路电阻 $R_G=1500\ \Omega$ $(R_G=R_g+R_0)$，如图 3-1-6 所示。

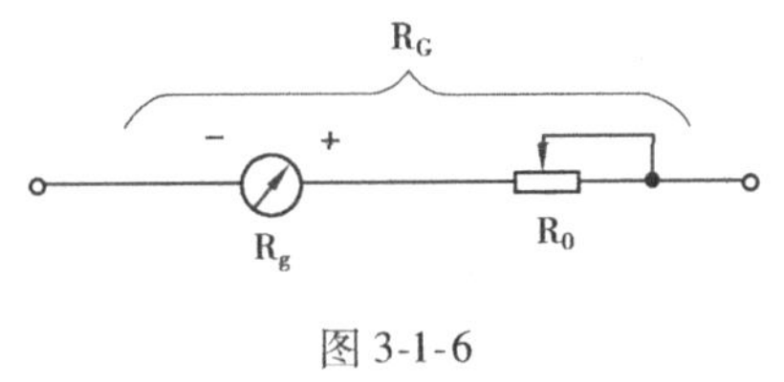

图 3-1-6

2. 直流电流测量电路

(1) 设计任务

表头参数：$R_G=1.5\ \mathrm{k\Omega}$，$I_g=83.3\ \mu\mathrm{A}$

设计要求：扩大表的直流电流量程分别至 100 μA，2.5 mA，25 mA，250 mA，2.5 A。

(2) 电路优选

图 3-1-6 所示的表头支路所测电流不能超过表头满偏电流 I_g，为了测量较大电流，需进行电流扩程。图 3-1-7(a)、(b) 是两种电流扩程方式，其中 (a) 为开路式扩程，它的最大缺点是载流换挡时，全电流流经表头，易使表头过流甚至烧毁，因此开路式扩程不能用于电流测量电路；(b) 为闭路式扩程电路，与表头固定并联电阻 R_s，并联有 R_s 的表头称为综合表头。闭路式扩程克服了开路式扩程的缺点，因此选用此方式扩程电流。

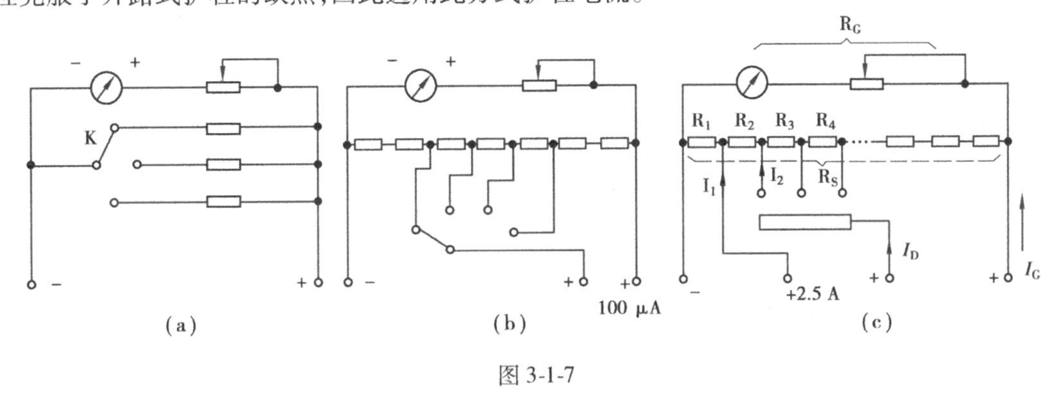

图 3-1-7

选定了电路，接下来就应进行电路元件的设计和选用。

(3) 电路元件的设计和选用

综合表头的满偏电流为 I_G。为了最大限度提高表头灵敏度，又便于计算，取 I_G 为最接近于 I_g 的整数值，如 MF-50 型表头[图 3-1-7(c)]的 $I_g=83.3\ \mu\mathrm{A}$，则取 $I_G=100\ \mu\mathrm{A}$。

由于

$$I_g(R_G+R_S)-I_GR_S=0$$

故

$$R_S=\frac{I_g}{I_G-I_g}\cdot R_G$$

则对于 MF-50 型表头，有

$$R_S=83.3\ \mu\mathrm{A}\times1.5\ \mu\mathrm{A}/(100\ \mu\mathrm{A}-83.3\ \mu\mathrm{A})\approx7.482\ \mathrm{k\Omega}\approx7.5\ \mathrm{k\Omega}\tag{3-3}$$

为了获得不同的电流量程，可以用若干个电阻 $R_1,R_2,R_3,R_4,\cdots,R_n$ 串联，使 $R_1+R_2+R_3+$

$R_4+\cdots+R_n=R_S$。从这些串联电阻间抽头，可获得不同的量程 I_D，如图 3-1-7(c)所示。故 MF-50 型表头电流量限 I_D 可分挡为 $I_1=2.5\ \text{A}$，$I_2=250\ \text{mA}$，$I_3=25\ \text{mA}$，$I_4=2.5\ \text{mA}$，$I_5=100\ \mu\text{A}$。

R_S 的串联电阻计算

$$
\begin{aligned}
R_1 &= \frac{R_G+R_S}{I_1}\cdot I_g \\
&= \frac{(1.5\ \Omega+7.5\ \Omega)\times 10^3}{2.5\ \text{A}}\times 83.3\times 10^{-6}\ \text{A} \\
&= 0.299\ \Omega \approx 0.3\ \Omega
\end{aligned}
$$

故有

$$R_2=\frac{R_G+R_S}{I_2}\cdot I_g-R_1=2.7\ \Omega$$

$$R_3=\frac{R_G+R_S}{I_3}\cdot I_g-(R_1+R_2)=27\ \Omega$$

$$R_4=\frac{R_G+R_S}{I_4}\cdot I_g-(R_1+R_2+R_2)=270\ \Omega$$

由于 $I_1=2.5\ \text{A}$，电流量值较大，转换开关容易损坏，故 2.5 A 挡不通过转换开关而直接从表面引出。从上述量限抽头点可见，图中抽头点右移，量限减小，最小量限为 100 μA。为了减少转换开关挡位，将 100 μA 挡直接从表面引出。

【思考】

1. R_0 在电路中有什么作用，如何取值？
2. I_G 为什么取接近于 I_g 的整数值？
3. 为什么电流挡量程转换只能采用闭路转换？

3. 直流电压测量电路

(1)设计任务

直流电压表测量灵敏 $K_D=10\ \text{k}\Omega/\text{V}$

设计要求：扩大表的直流电压量程分别至 2.5 V，10 V，50 V，250 V，1 000 V。

(2)电路优选

改装后的综合表头所测量的电压 $U_G\left(U_G=\dfrac{R_GR_S}{R_G+R_S}I_G\right)$很低。为了扩大量程，须根据最小电流量程 I_G 串入不同的分压电阻，电压量程采用开路转换形式，如图 3-1-8 所示。

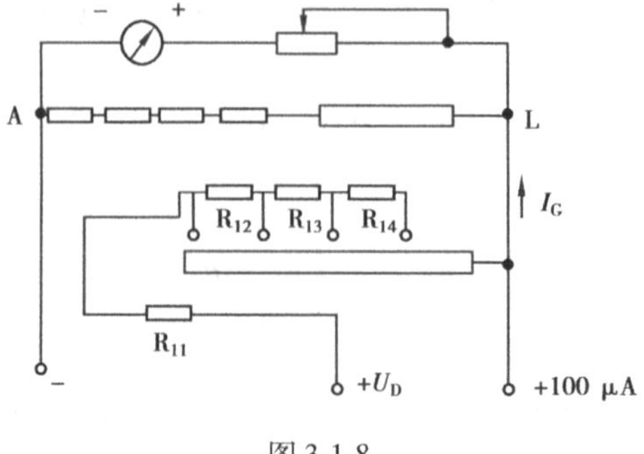

图 3-1-8

(3)电路元件的设计和选用

综合表头直流电压灵敏度为 K_D，且有

$$K_D = 1/I_G \tag{3-4}$$

其中 K_D 的单位为欧姆/伏特(Ω/V)。

MF-50 型表头直流电压灵敏度 $K_D = 1/100\ \mu A = 10\ k\Omega/V$

综合表头内阻 $R_V = R_G // R_S = 1.25\ k\Omega$

直流电压量限 U_D 为 2.5 V,10 V,50 V,250 V 及 1 000 V 5 挡。各挡分压电阻 R_D 可由式(3-5)计算

$$R_D = K_D U_D - R_A \tag{3-5}$$

故各挡降压电阻分别由 R_{11}，R_{12}，R_{13}，R_{14} 构成，其中

$$R_{11} = 10\ k\Omega/V \times 2.5\ V - 1.25\ k\Omega = 23.75\ k\Omega$$

$$R_{12} = 10\ k\Omega/V \times (10 - 2.5)\ V = 75\ k\Omega$$

$$R_{13} = 10\ k\Omega/V \times (50 - 10)\ V = 400\ k\Omega$$

$$R_{14} = 10\ k\Omega/V \times (250 - 50)\ V = 2\ M\Omega$$

直流电压 1 000 V 挡应再串入电阻 7.5 MΩ[$1 \times 10^4\ \Omega/V \times (1\ 000 - 250)\ V$]。由于此电阻太大，误差大，故采用降低电压灵敏度来实现。

【思考】

1. 直流电压灵敏度表达直流电压表的什么特性？如何求得直流电压灵敏度？
2. 为什么电压挡采用开路转换，而且只能开路转换？
3. R_{14} 后面再串入 7.5 MΩ 的电阻作 1 000 V 挡有什么缺点？

4. 交流电压测量电路

(1)设计任务

交流电压表测量灵敏：$K_A = 4\ k\Omega/V$

设计要求：扩大表的交流电压量程分别至 10 V,50 V,250 V,1 000 V。

(2)电路设计与参数计算

由式(3-2)可知，磁电式仪表可以测量周期电流的整流平均值，不能测量交流值，所以，在设计交流电压测量电路(图 3-1-9)中的抽头点 M 时，电流 I_M 要换算成整流平均值。对于正弦电流，全波整流平均值与正弦电流有效值的关系为

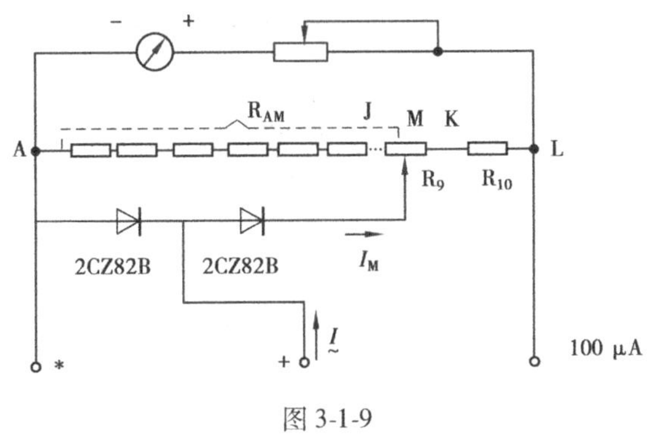

图 3-1-9

$$I_{rect} = 2\sqrt{2}\ \underset{\sim}{I}/\pi$$

而半波整流时其关系为

$$I_{rect} = \sqrt{2}\ \underset{\sim}{I}/\pi \tag{3-6}$$

即正弦电流半波整流平均值为其有效值的$\sqrt{2}/\pi$。

在计算交流电压扩程电阻时，由于所用电流都要用有效值，所以，又要将整流平均值折算成对应的电流有效值，即

$$\underset{\sim}{I} = \frac{\pi}{\sqrt{2}} I_{rect}$$

为了减少挡位，万用表一般不设使用很少的交流电流挡。

MF-50 型万用表综合表头最小量限为 $I_G = 100\ \mu A$，则有

$$I_{min} = \frac{\pi}{\sqrt{2}} \times 100\ \mu A = 222.2\ \mu A$$

为了设计方便，其交流表头电流灵敏度 $\underset{\sim}{I} = 250\ \mu A$，电压灵敏度 $K_A = 4\ k\Omega/V$。由于二极管半波整流时，二极管反向穿透电流的泄漏，整流效率对于锗管为 0.98，对于硅管为 0.99。考虑到二极管的整流效率有

$$I_{rect} = \frac{\sqrt{2}}{\pi}\ \underset{\sim}{I} \cdot \eta \tag{3-7}$$

故如图 3-1-9 所示的表头内有

$$I_M = I_{rect} = \frac{\sqrt{2}}{\pi} \times 250\ \mu A \times 0.99 = 111.4\ \mu A$$

故在 R_S 电阻上抽头位置为

$$R_{AM} = \frac{R_G + R_S}{I_{rect}} \cdot I_g$$

则表头取

$$R_{AM} = 9\ k\Omega/111.4\ \mu A \times 83.3\ \mu A = 6.73\ k\Omega$$

考虑到二极管整流效率的差异、表头满偏电流 I_g 的误差，I_M 应有 $\pm 5\%$ 的可调范围，故有

$$I_{MJ} = 111.4\ \mu A \times 1.05 = 117\ \mu A$$

$$R_{AJ} = 6.41\ k\Omega$$

$$I_{MK} = 111.4\ \mu A \times 0.95 = 105.8\ \mu A$$

$$R_{AK} = 7.08\ k\Omega$$

$$R_9 = R_{AK} - R_{AJ} = 0.67\ k\Omega$$

取 $R_9 = 650\ \Omega$ 电位器用于调试作用，故有

$$R_{10} = 7.5\ k\Omega - 6.73\ k\Omega - R_9/2 = 445\ \Omega$$

取标称值电阻为

$$R_{10} = 510\ \Omega \qquad R_9 = 650\ \Omega$$

交流表头内阻为

$$R_M = \frac{R_{AM}(R_G + R_S - R_{AM})}{R_S + R_G} \tag{3-8}$$

由此算出的 MF-50 型交流表表头内阻 $R_M = 1\ 698\ \Omega$。

在计算交流电压测量电路的扩程电阻时，所有电流都要用有效值。由交流电压灵敏度 $K_A = 4\ k\Omega/V = 1/250\ \mu A$ 可得图 3-1-9 中电流 $\underset{\sim}{I} = 250\ \mu A$。

流经交流表头的半波电流有效值为$\frac{\underset{\sim}{I}}{\sqrt{2}}\eta = 175\ \mu A$，其电压有效值为

$$U_M = R_M \times \frac{\underset{\sim}{I}}{\sqrt{2}}\eta = 0.297\ V \tag{3-9}$$

二极管正向压降 0.7 V，交流电压测量共分为 10 V，50 V，250 V，1 kV 4 挡，分别对应降压电阻 R_{15}，R_{16}，R_{17}，R_{18}，如图 3-1-10 所示。

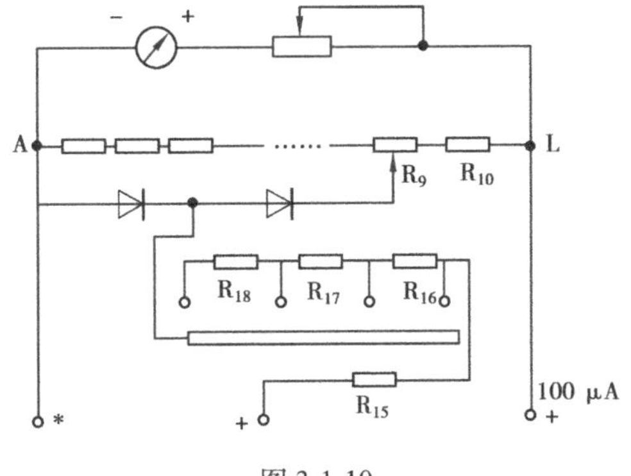

图 3-1-10

$$R_{15} = K_A \times (10\ V - U_M - 0.7\ V) \approx 36.1\ k\Omega$$

$$R_{16} = K_A \times (50 - 10)\ V = 160\ k\Omega$$

$$R_{17} = K_A \times (250 - 50)\ V = 800\ k\Omega$$

$$R_{18} = K_A \times (1\ 000 - 250)\ V = 3\ M\Omega$$

上述电阻 R_{15}，R_{16}，R_{17}，R_{18}是针对电压灵敏度为 4 kΩ/V 设计的，故直流电压仍可利用此电阻总阻值。保持直流电压灵敏度 $K_D = 4\ k\Omega/V$ 的条件下，实现 1 000 V 挡的测量，如图 3-1-11所示，其满偏电流

$$I_F = \frac{1}{K_D} = 250\ \mu A$$

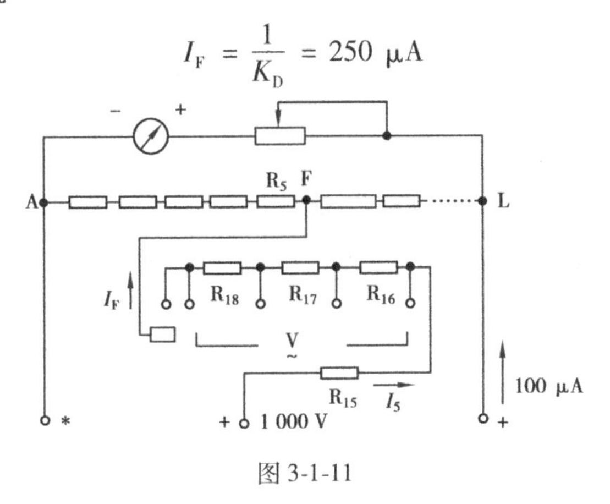

图 3-1-11

故有

$$R_{AF}=\frac{R_G+R_S}{I_F}\cdot I_g=3\ k\Omega$$

$$R_5=\frac{R_G+R_S}{I_F}\times I_g-(R_1+R_2+R_3+R_4)=2\ 700\ \Omega$$

当综合表头内阻变为

$$R_F=3\ k\times 6\ k/9\ k=2\ k\Omega$$

则应串分压电阻

$$4\ k\Omega/V\times 1\ 000\ V-2\ kW=3.998\ M\Omega$$

即应用交流 1 000 V 分压电阻时，电压测量误差仅为万分之五。

【思考】

1. 半波整流电流为什么不从 L 点引入，而要选定 M 点？
2. 如何确定 R_9 的大小？
3. 交流电压灵敏度为什么总是比直流电压灵敏度低？
4. 为什么计算半波电流引入点 M 时用 I_{rect}，而计算表头压降时，用半波有效值 $\frac{I}{\sqrt{2}}\eta$？

5. 电阻测量电路

(1)设计任务

中值电阻 10 kΩ

量程：$R\times 1$ kΩ，$R\times 100$ Ω，$R\times 10$ Ω，$R\times 10$ kΩ

(2)电路设计与优选

从 R_S 上各电阻间任意抽头，串入一个电阻 R_{19} 和电池，即可用来测量电阻阻值，如图 3-1-12所示。

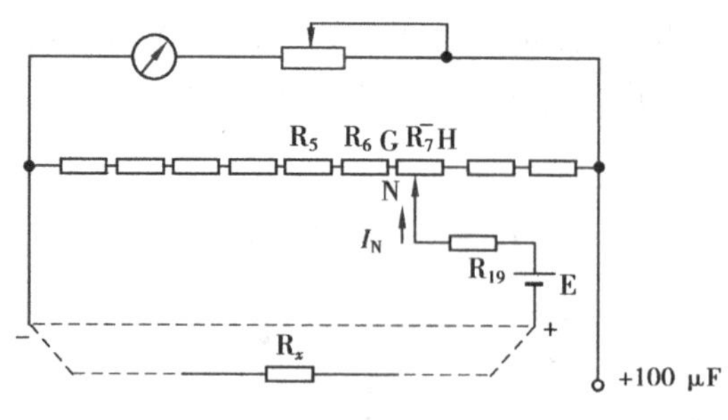

图 3-1-12

当外电路短路（即负载电阻 $R_x=0$）时，对于一定的电池电动势，调整串联电阻 R_S 上的抽头点，可使表头指针满偏，总电流为 I_N。此时闭合电路的总电阻称为中心值电阻 R_a，当外电路被测电阻 $R_x=R_a$ 时，闭合电路中电流为 I_N 的一半，表头指针偏角为最大偏角的一半，被测电阻与指针偏角的对应关系如表 3-1-1 所示。

表 3-1-1

被测电阻	指针偏角
$R_x=0$	θ_M
$R_x=R_a$	$\frac{1}{2}\theta_M$
$R_x=2R_a$	$\frac{1}{3}\theta_M$
$R_x=NR_a$	$\frac{1}{N+1}\theta_M$

指针表盘上也可非线性地标出指针不同偏角所对应的外测电阻的阻值，如图 3-1-13 所示，偏角越大，示数越稀，偏角越小，示数越密。

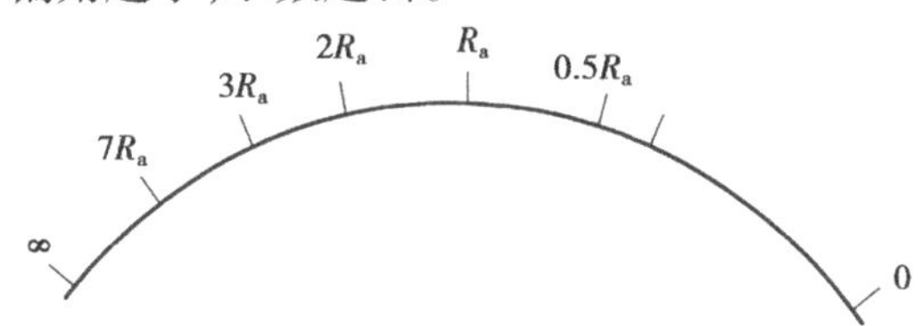

图 3-1-13

常用电阻挡电路有 3 种，如图 3-1-14 所示。

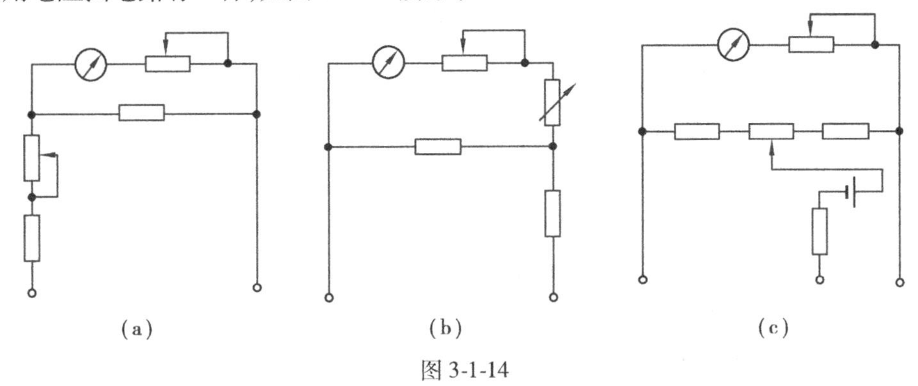

图 3-1-14

其中，图(a)电路在调整可调电阻时，中心值电阻变化很大，图(b)电路在调整可调电阻时，表头灵敏度变化也很大。这两种情况都会产生较大测量误差。唯有在图(c)电路中，当电池端电压在 1.2 ~1.8 V 之间变化时，测量误差很小。

(3)电路元件的设计和选用

在 R_S 的串联支路上，各点抽头时的满偏电流如图 3-1-15 所示。电阻挡抽头宜选在$(R_G+R_S)/2$ 的 N 点附近。此时，综合表头电流为 $I_N=166.6\ \mu A$。为了计算方便，取 $I_N=150\ \mu A$。

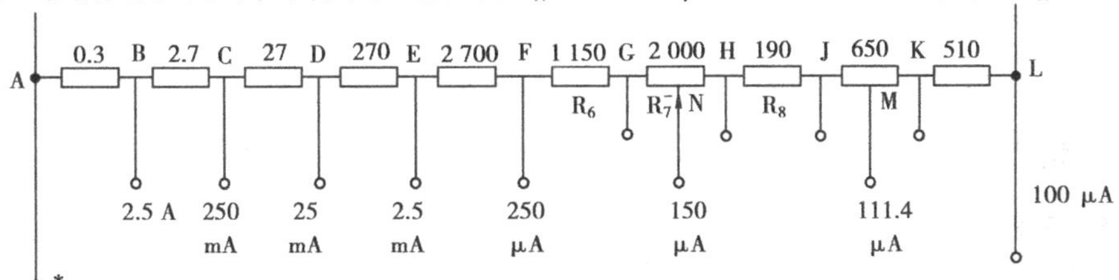

图 3-1-15

当电池电动势 $E_a=1.5$ V 时，中心值电阻

$$R_a = \frac{E_a}{150\ \mu A} = 10\ k\Omega$$

R_S 支路上抽头点与 A 点间的电阻为

$$R_{AN} = \frac{R_G + R_S}{150\ \mu A} \cdot I_g = 4.998\ k\Omega \approx 5\ k\Omega$$

综合表头内阻为 2.22 kΩ，则应串入的电阻为

$$R_{19} = R_a - 2.22\ k\Omega = 7.78\ k\Omega$$

当电池电动势 $E_a>1.5$ V 时，N 点左移。

当电池电动势 $E_a<1.5$ V 时，N 点右移。

当电池电动势 $E_a=1.8$ V 时，N 点左移到 G 点，有

$$\begin{cases}\left[\dfrac{R_{AG}(R_G + R_S - R_{AG})}{R_G + R_S} + R_{19}\right]I_{NG} = 1.8\ V \\ \dfrac{R_{AG}}{R_G + R_S}I_{NG} = I_g\end{cases} \tag{3-10}$$

代入数值可求得

$$R_{AG} = 4.15\ k\Omega$$

当电池电动势 $E_a=1.2$ V 时，N 点右移到 H 点，有

$$\begin{cases}\left[\dfrac{R_{AH}(R_G + R_S - R_{AH})}{R_G + R_S} + R_{19}\right]I_{NH} = 1.2\ V \\ \dfrac{R_{AH}}{R_G + R_S}I_{NH} = I_g\end{cases} \tag{3-11}$$

代入数值求得

$$R_{AH} = 6.07\ k\Omega$$

故

$$R_{GH} = R_7 = (6.07 - 4.15)\ k\Omega = 1.92\ k\Omega \approx 2\ k\Omega$$

因此用电位器代替 R_7^-，则 R_{AH}实际变为

$$R_{AH} = 6.07\ k\Omega + (2 - 1.92)\ k\Omega = 6.15\ k\Omega$$

故

$$R_6 = 4.15\ k\Omega - (R_1 + R_2 + R_3 + R_4 + R_5) = 1.15\ k\Omega$$

$$\begin{aligned}R_8 &= 7.5\ k\Omega - (R_1 + R_2 + R_3 + R_4 + R_5 + R_6 + R_7 + R_9 + R_{10}) \\ &= 7.5\ k\Omega - (4.15 + 2 + 0.65 + 0.15)\ k\Omega \\ &= 0.19\ k\Omega \\ &= 190\ \Omega\end{aligned}$$

上述情况下，电阻挡中心值电阻分别约为 10.02 $\left(\dfrac{4.15\times4.85}{9}+7.78\right)$kΩ、9.73$\left(\dfrac{6.15\times2.85}{9}+7.78\right)$kΩ，其误差最大为 0.27 kΩ，相对误差为 2.7%（<5%），符合电阻挡的设计误差要求。

要测量较小电阻时，应将中心值电阻降低，故采用并联电阻的办法，如图3-1-16所示。

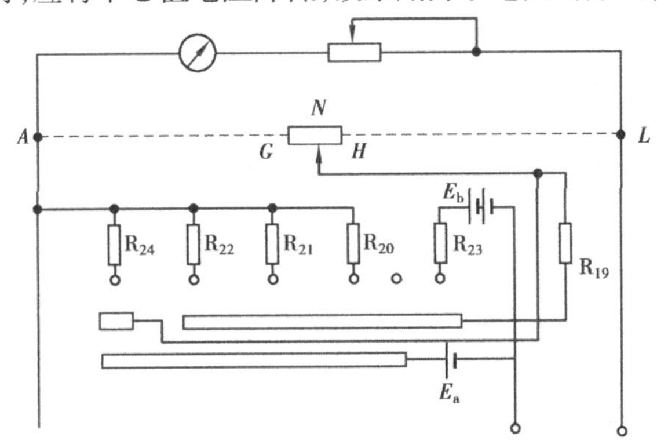

图3-1-16

中心值电阻为10×100 Ω=1 kΩ时，需并联电阻R_{20}

中心值电阻为10×10 Ω=100 Ω时，需并联电阻R_{21}

中心值电阻为10×1 Ω=10 Ω时，需并联电阻R_{22}

$$R_{20}//10\ \text{k}\Omega = 1\ \text{k}\Omega \qquad R_{20} = 1.11\ \text{k}\Omega$$

$$R_{21}//10\ \text{k}\Omega = 100\ \Omega \qquad R_{21} = 101\ \Omega$$

$$R_{22}//10\ \text{k}\Omega = 10\ \Omega \qquad R_{22} = 10.01\ \Omega$$

考虑到测量转换开关的接触电阻及低阻值时，电池内阻的影响，取

$$R_{20} = 1.1\ \text{k}\Omega, R_{21} = 100\ \Omega, R_{22} = 9\ \Omega$$

为了测量较高电阻，需提高中心值电阻，使之为100 kΩ，故应串入90 kΩ电阻。为了能获得150 μA的电流，需提高电源电动势，即采用E_b=15 V。除去叠式电池的内阻（约2 kΩ），应串入电阻R_{23}=88 kΩ。

【思考】

若中心值电阻R_2=12 kΩ，应如何设计计算电阻挡电路？这样设计是否会造成R_7^-和R_9^-的重叠？

6. 晶体管电流放大倍数的测量

测量晶体管β参数时采用固定偏置电路，原理图如图3-1-17所示。

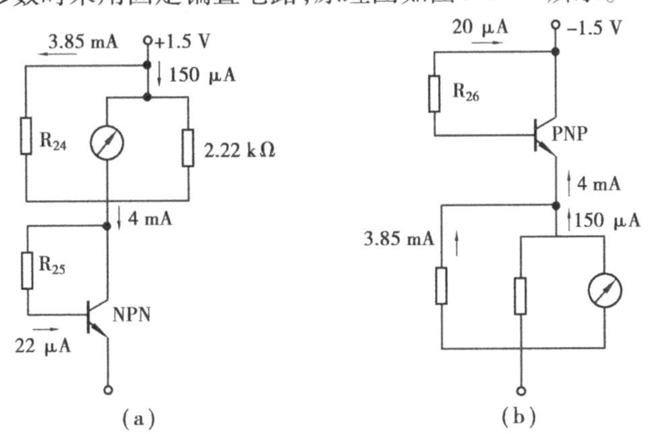

图3-1-17

图 3-1-17 中,分流电阻 $R_{24}=86.6\ \Omega$

NPN 管基极电阻 $R_{25}=20.5\ k\Omega$

PNP 管基极电阻 $R_{26}=43.2\ k\Omega$

计算不再赘述。

由于电路未除去三极管穿透电流,故 h_{FE} 测量误差较大,仅供参考。

7. 保护电路

在表头上并联的两只二极管,用以误挡测量,在电流过大造成表头电压大于 0.7 V,即表头电流超过 70 μA 时泄流,保护表头。与之并联的电解电容可以对脉冲电流削顶,防止对表头的冲击。因此,此表误挡时,一般不会烧坏表头。

MF-50 型万用表电气原理图如图 3-1-18 所示。

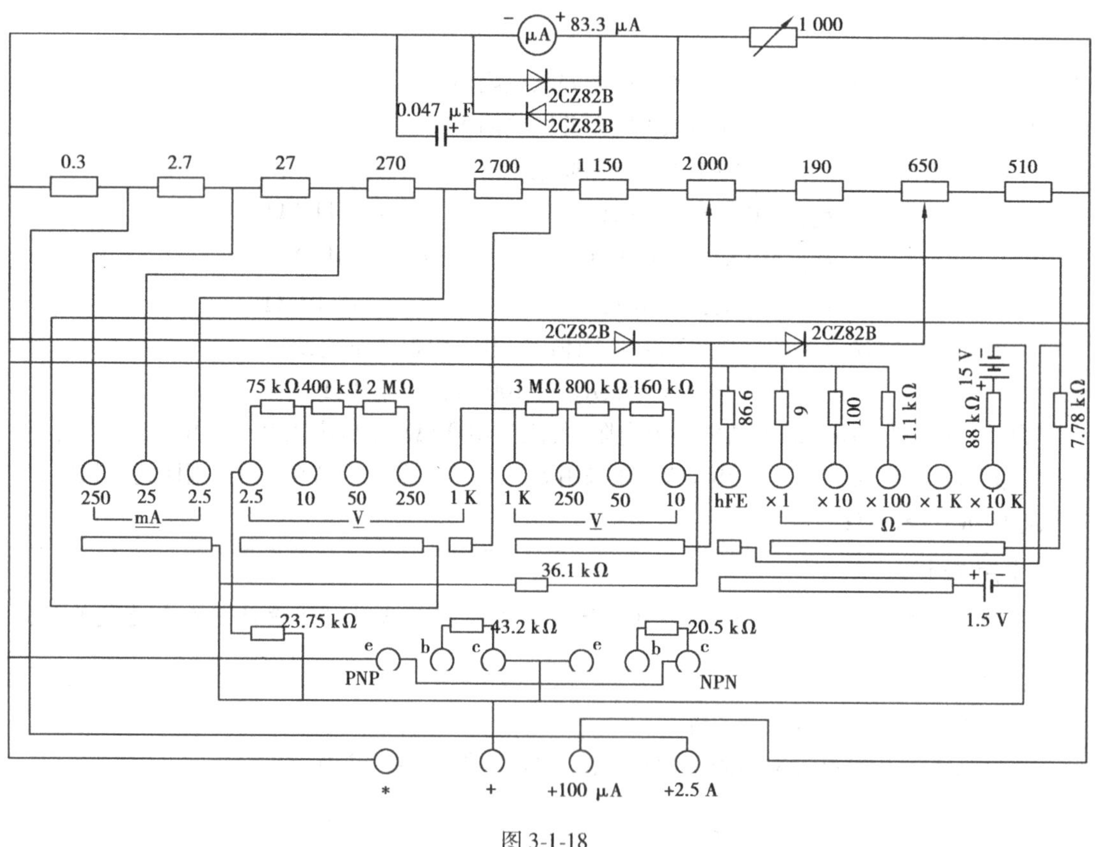

图 3-1-18

3.2 工程技能

学习目标

(1)了解基本手工焊接工具及其使用。

(2)掌握元件、器件的插装工艺。

(3)学会评判焊接质量。

技能目标

(1)能正确进行导线的预加工及元件整形和焊接。

(2)手工完成电路板的焊接。

(3)了解印制电路板的制作过程。

一、手工焊接工艺及印制板的制作

1. 手工焊接技术

在电子线路的装配中,焊接工作是十分重要的,它不仅能把元器件牢牢地固定在线路板的一定位置上,而且能保证元件与电路的可靠接通。因此焊接质量直接影响着电路的性能。焊接质量主要取决于以下4个条件:焊接工具、助焊剂、焊料、焊接技术。

(1)焊接工具

电烙铁是焊接的主要工具,电烙铁的功率通常有20 W,25 W,45 W,75 W,100 W等几种。按照焊接任务、焊接点面积及散热快慢的不同,应选用不同功率的电烙铁。一般半导体电路的元件焊接,选用20 W或25 W电烙铁即可。如果焊接面积较大,可用45 W电烙铁。焊接金属底板、粗地线等大器件需用75 W电烙铁。有些特殊器件如CMOS电路,最好选用20 W内热式电烙铁,而且外壳要接地良好。

电烙铁经过长时间通电使用以后,烙铁头的表面会氧化发黑,氧化部分不再传热。此时应用锉刀锉掉氧化物,然后再通电升温,先蘸松香,后涂焊锡。经过"上锡"的烙铁头又能恢复良好的传热和焊接性能。新烙铁初次使用时,也要先锉干净,并按需要锉成一定形状后上锡。

(2)助焊剂

焊接过程中需要使用助焊剂。助焊剂的种类很多,如焊油、焊锡膏等属酸性助焊剂。当焊点有氧化物时,酸性助焊剂可以除去锈层,保证焊牢元器件,但它对金属有腐蚀作用,残存的酸性助焊剂会损坏铅板和元器件引线;当它粘在电路板上时,能逐渐渗进电路板中,破坏电路板的绝缘性能。所以在电子线路焊接中,很少使用酸性助焊剂。中性助焊剂有松香和酒精松香溶液等,该类助焊剂不会腐蚀电路元件,也不会破坏电路板的绝缘性,是焊接电路时最常使用的助焊剂。有时为了去除焊接处的锈渍,确保焊点质量,也用少量焊油,但焊接后一定要用酒精将焊点擦洗干净,以防残留焊油腐蚀电路板。

(3)焊料

常用的焊料是焊锡,焊锡大多是"铅焊合金",有焊锡条、焊锡丝等。焊锡条在使用前应先熔化加工成小块或细焊锡丝。市场出售的多为焊锡丝,而且多已加入松香助焊剂,使用很方便。

(4)焊接技术

①焊件和焊接点要经过清洁处理和预先镀锡

由于空气的氧化作用,元件引线和导线的表面常有氧化物,有时还有其他油渍或污垢,不易"吃锡",焊接起来困难,即使勉强焊上也容易形成虚焊,所以焊件和焊接点应事先用砂纸或小刀刮干净,使它露出新的表面,并随即涂上助焊剂(松香)且镀上一薄层焊锡(称搪锡或镀锡),然后再进行焊接。这样处理后的焊件容易焊牢,不易出现接触不良的虚焊现象。

②烙铁温度和焊接时间要适当

焊接时应将烙铁头加热到温度高于焊锡的熔点,烙铁头与焊点接触时间以使焊点锡光亮、圆滑为宜。如果焊点不光亮或形成"豆腐渣"状,说明温度不够,焊接时间太短。这种情况由于焊剂没能充分挥发,很容易造成虚焊。此时需要升高焊接温度(只要将烙铁头在焊点上多停留些时间即可),不必加压力或来回移动。但是焊接时间过长、温度过高,又容易造成焊锡流淌,焊锡量反而不够,另外还会烫坏二极管、晶体管和电解电容器,损坏印制电路板及其他零件,有时由于焊锡流淌还会造成印制电路板上的线间短路现象。

③扶稳不晃、上锡适量

焊接时必须将被焊物体扶稳扶牢,特别是在焊锡过程中不能晃动被焊元器件,否则容易造成虚焊。焊接点焊锡不能太少,太少了焊接不牢;也不能太多,太多易造成外观一大堆而内部未焊透。焊锡量要适中,焊锡应刚好能将焊接点上被焊元件的引线全部浸没,但其轮廓又隐约可见。如果一次上锡不够,可以补焊。但补焊时一定要待前次的锡一同熔化后方可移开烙铁头,以使焊点熔结为一体。

④电子元器件的焊接

电子电路常由一些基本单元组成,电路重复性和规律性较强。焊接时,一般先将电阻、电容、二极管等元件引线弯曲成所需形状,依次插入焊孔,并设法使元件排列整齐,然后统一焊接。检查焊点后剪去过长引线,最后焊接晶体管、集成电路。器件的焊接时间一般要短一些,引脚也不宜剪得太短,以防焊接时烫坏管子。初学者可用镊子夹住管脚进行焊接。

⑤焊接后的检查

焊接结束后,首先检查有无漏焊、错焊、虚焊以及由于焊锡流淌而造成的线间短路等问题。检查时可用尖嘴钳或镊子夹住元件、管脚轻轻拉动,看有无松动,特别要注意查看三极管管脚是否焊牢,如果发现有松动现象,要重新焊接。

⑥容易发生的情况

a. 焊不上。焊不上多半是元件没有事先“上锡”的缘故,或者是烙铁不热、焊接时间过短、热量不够以及烙铁头氧化搪不上锡等原因。

另一种情况是焊不牢。这可能是因为在每个焊点焊接结束后移去烙铁时,没有等焊锡凝固就移动了元件或引线。因此在焊完每个焊点时,必须等锡完全凝固后,才能松开夹持元件或引线的钳子或镊子。

b. 焊点带尾巴。焊点带尾巴的原因是松香用得太少,焊锡流动性差,因此在提起烙铁时带起焊锡,形成尖尖的“尾巴”。

c. 焊点脏。焊点脏是松香过多或松香本身不干净所致。

以上介绍的有关焊接技术的基本知识,都是实践中得来的经验。这些经验值得大家借鉴,更有待大家通过实践进行摸索和体会,以便较好地掌握焊接这门技术。

2. 印制电路板的制作

制作印制电路板的基本程序是:先在敷铜板上画好电路图,再将要留的导电部位涂上抗腐蚀的材料,然后放在腐蚀液中将其余部分腐蚀掉,最后擦去防腐材料。目前,生产电子设备的厂家为了大批量生产,普遍采用丝网漏印(类似油印)或感光法(类似洗相片)制作印制电路板。下面具体介绍印制电路板的制作方法。

(1)选择敷铜板、清洁板面

①根据电路要求,裁好敷铜板的形状和大小。②用水磨砂纸将敷铜板边缘打磨一下,并在敷铜板上放少许去污粉。③加水用布将板面擦亮,然后再用干布擦干净。

(2)复印印制电路

将设计好的印制电路图用复写纸复印在敷铜板上,注意在复印过程中,电路图一定要与敷铜板对齐，并用胶布粘牢，等到用铜笔或复写笔描完图形并检查无误后再将其揭开。这时敷铜板上便制好了复印电路图。

(3)备漆、描板

准备好黑色的调和漆。如果漆很稠，需用稀料或丙酮溶剂调稀一点，使其流动性好一些，但又不能过稀(调到用棍蘸漆后能往下滴为好)。将漆放在敞口容器内，然后用毛笔或直线笔按复印电路图描板。一般毛笔适用于描大面积的导电图形，直线笔适用于描窄线。

(4)制腐蚀液、腐蚀电路板

腐蚀液用三氯化铁和水大约以1:2的质量比配制。配制好的腐蚀液放置在玻璃、陶瓷或塑料平盘容器中。待描好的电路板干漆，经修整并与原图核对无误后再放入盛有三氯化铁溶液的容器中。为了加快腐蚀速度，可增加三氯化铁溶液的浓度，并将溶液加温(但温度不宜超过50 ℃，否则会损坏漆膜)，还可以用竹镊子夹住印制板轻轻晃动，或用棉球轻轻擦拭板面。腐蚀完毕后用清水冲洗印制板，并用干布擦干，再用蘸有稀料或丙酮的棉球擦掉保护漆，铜箔电路就显露出来了。

用过的溶液要妥善保存，以后还可多次使用。

(5)钻孔、涂助焊剂

选用1 mm的钻头在焊点上钻孔时，钻头要先磨锋利，钻床的转速取高速，但进刀不要过快，以免将铜箔挤出毛刺。打好孔后，用细砂纸将印制电路板轻轻擦亮。用干布擦去粉末，涂上防腐助焊剂即可。防腐助焊剂一般是松香、酒精以1:2的质量比配制的溶液。

二、常用电子元件、器件的识读

1.电阻、电位器识读

(1)电阻

①电阻型号组成

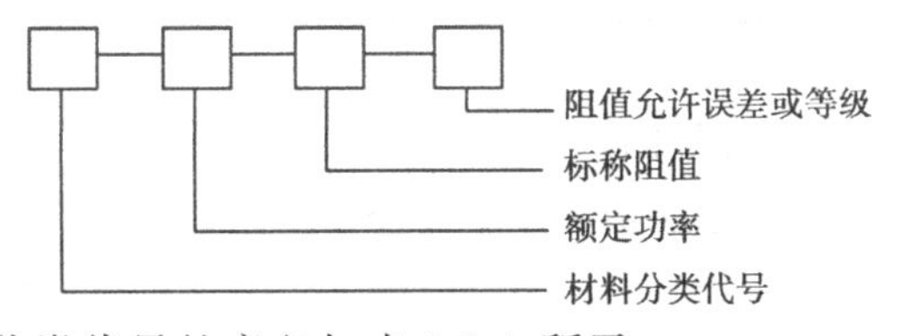

电阻(电位器)材料分类代号的意义如表3-2-1所示。

表3-2-1　电阻(电位器)材料分类代号的意义

第一部分:主称		第二部分:材料				第三部分:特征		
符号	意义	符号	意义	符号	意义	符号	意义	
R	电阻器	T	碳膜	X	线绕	X	小型	后缀包括额定功率*、阻值、允许误差、精度等级
W	电位器	P	硼碳膜	S	实心	D	低压	
		U	硅碳膜	M	压敏	Y	高压	
		H	合成膜	R	热敏	M	密封	
		J	金属膜	G	光敏	W	微调	
		Y	氧化膜	D	导电塑料	L	测量用	

*常用电阻额定功率为0.025,0.05,0.125,0.25,0.5,1,2,5,10,25,50,100,250 W

电阻标称阻值如表 3-2-2 所示。

表 3-2-2 电阻标称阻值

电阻等级	允许误差	电阻标称阻值（乘 10^n，n 为整数）												
Ⅰ级	5%	1	1.1	1.2	1.3	1.5	1.6	1.8	2	2.2	2.4	2.7	3	3.3
		3.6	3.9	4.3	4.7	5.1	5.6	6.2	6.8	7.5	8.2	9.1	—	—
Ⅱ级	10%	1	1.2	1.5	1.8	2.2	2.7	3.3	3.9	4.7	5.6	6.8	8.2	—
Ⅲ级	20%	1	1.5	2.2	3.3	3.9	4.7	5.6	6.8	8.2	—	—	—	—

说明："电阻标称阻值（乘 10^n，n 为整数）"表示系列，如"1"系列有 1、10、100、1 000、1 M 等。

示例：RTX—0.125 W—51 k—±10%

表示小型碳膜电阻，额定功率 0.125 W，阻值 51 kΩ，允许误差 ±10%。

②电阻值的表示法

电阻器的标称阻值和误差等级一般用数字标印在电阻器的外层保护漆上。但体积很小的或一些实心碳质电阻器的标称阻值和误差等级常以色标法表示，电阻器标称阻值的单位为欧[姆]（Ω）。色标所表示的具体含义见表 3-2-3。

表 3-2-3 电阻的色标符号

颜色	黑	棕	红	橙	黄	绿	蓝	紫	灰	白	金	银	无色
对应数值	0	1	2	3	4	5	6	7	8	9	−1	−2	—
对应 10^n	10^0	10^1	10^2	10^3	10^4	10^5	10^6	10^7	10^8	10^9	10^{-1}	10^{-2}	—
表示误差值	—	±1%	±2%	—	—	±0.5%	±0.25%	±0.1%	—	—	±5%	±10%	±20%

色标表示法有两种形式，一种是四道色环表示法，另一种是五道色环表示法。图 3-2-1 所示分别为四道色环和五道色环表示法的示例。表 3-2-4 和表 3-2-5 分别为这两种表示法中各道色环的含义。

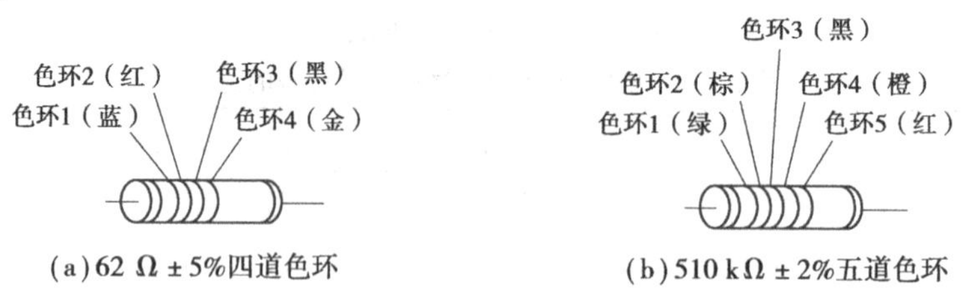

图 3-2-1 电阻色标表示法示列

表 3-2-4 四道色环表示法

色环次序	1	2	3	4
含义	阻值第 1、2 位的有效数字		前两位数字乘以 10^n	阻值的误差

表3-2-5　五道色环表示法

色环次序	1	2	3	4	5
含义	阻值第1、2、3位的有效数字			前三位数字乘以 10^n	阻值的误差

③常用固定电阻

常用固定电阻见表3-2-6。

表3-2-6　常用固定电阻

型号	RTX	RJ	RY	RXY
名称	小型碳膜电阻	金属膜电阻	氧化膜电阻	被釉固定式线绕电阻
功率/W	0.05,0.125	0.5~2	0.25~2	7.5,15,20,25,50,75,100
简介	外涂绿色或灰黄色绝缘漆,体积小。用于一般电信设备的交流、直流、脉冲电路	外涂红色绝缘漆,体积比RTX型小,由于精度高,随温度变化小,常用于要求较高的电路,如稳压电源的取样电阻	同RJ型	外涂绿色釉质,体积较大,因用电阻丝绕制,阻值稳定,但不能用于高频电路

(2)电位器

①电位器型号组成

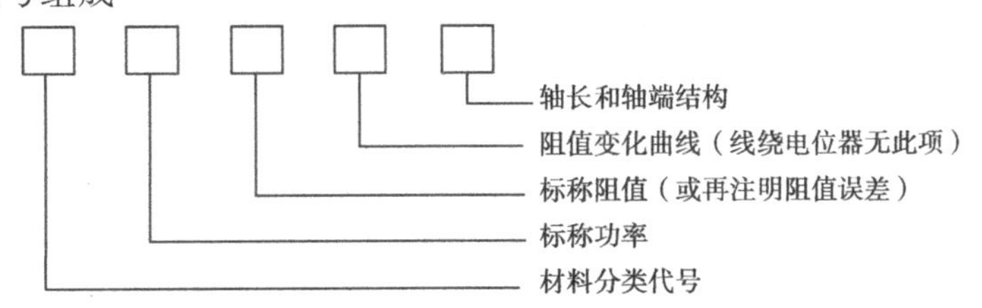

阻值间隔除注明型号外,均按表3-2-7所列标准系列标注。

表3-2-7　电位器的阻值间隔

非线绕电位器	1	1.5	2.2	3.3	4.7	6.8	—	—	—	—	—	—
线绕电位器	1	1.2	1.5	1.8	2.2	2.7	3.3	3.9	4.7	5.6	6.8	8.2

电位器是阻值连续可变的电阻器,有3个引出接头,两端接头间的阻值是所标的阻值,中间接头与两端接头间的阻值随转轴转动而可变。

电位器的旋转角度与阻值变化之间有X型、Z型和D型3种形式。X型为直线式,阻值按旋转角度均匀变化;Z型为指数式,阻值变化先慢后快,适用于音量调节;D型为对数式,阻值变化与Z型相反,适用于仪器等特殊用途。线绕电位器都是X型的。

②常用电位器

常用电位器的型号、名称、功率、线型等见表3-2-8。

表 3-2-8　常用电位器

型号	WT、WTK		WTH		WS		WX
名称	碳膜电位器		合成碳膜电位器		有机实心电位器		线绕电位器
功率/W	0.25	0.1	1,2	0.5,1	0.5	—	1,3,5,10
线型	X	Z,D	X	Z,D	X	—	—
简介	用于音量等控制兼电源开关		用于一般电信设备、仪器仪表等		用于仪器设备作机内调节		用在功率较大的电路中

(3)电路图中电阻器的符号及参数的标注规则

①1 Ω 以下的电阻在注明数值后,应写上“Ω”;

②1 ~1 000 Ω 的电阻,在注明数值后也应写上单位“Ω”;

③$10^3$ ~10^6 Ω 的电阻可以千欧标注,符号是“kΩ”;

④$10^6$Ω 以上的电阻可以兆欧标注,符号是“MΩ”。

电阻器标称功率及电阻器符号表示法见表 3-2-9。

表 3-2-9　电阻器标称功率及电阻器符号表示法

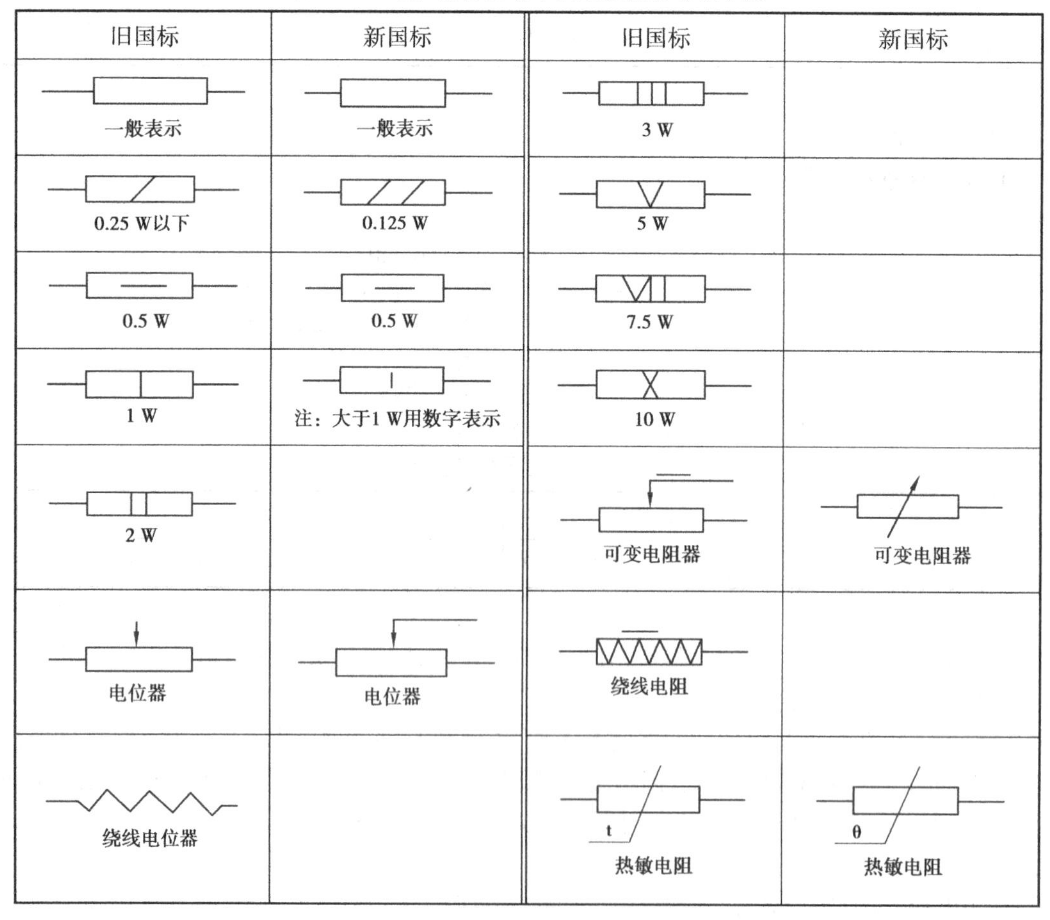

敏感电阻器的型号表示法

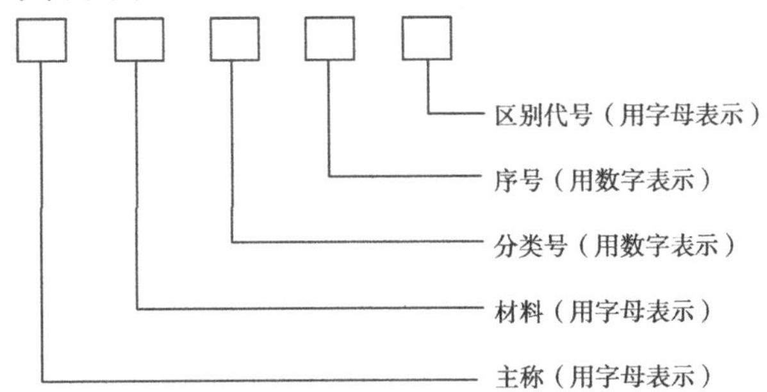

敏感电阻器的型号意义见表 3-2-10。

表 3-2-10　敏感电阻器的型号意义

主称		材料		分类						
符号	意义	符号	意义	1	2	3	4	5	6	7
M	敏感电阻器	F	负温度系数热敏材料	普通	稳压	微波	旁热	测温	微波	测量
		Z	正温度系数热敏材料	普通	稳压			测温		
		G	光敏材料				可见光	可见光	可见光	
		Y	压敏材料	碳化硅	氧化锌	氧化锌				
		S	温敏材料							
		C	磁敏材料							
		L	力敏材料							
		Q	气敏材料							

注：表中“普通”是指工作温度为 $-55 \sim +315$ ℃，没有特殊技术和结构要求。

2. 电容器

(1)电容器型号组成

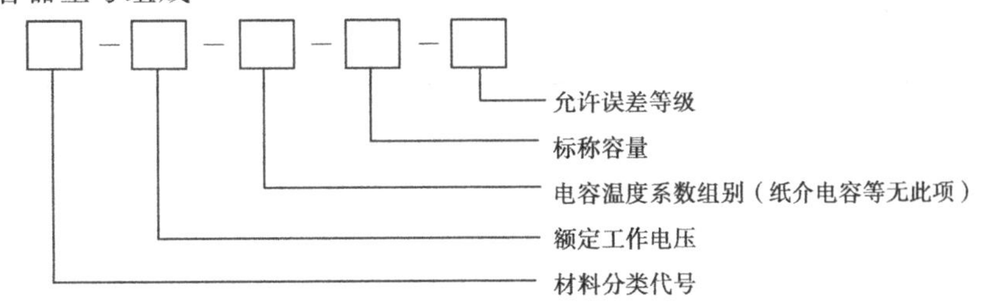

电容器材料分类代号的意义见表 3-2-11。

表 3-2-11 电容器材料分类代号的意义

第一部分:主称		第二部分:材料				第三部分:特征	
符号	意义	符号	意义	符号	意义	符号	意义
C	电容器	C	瓷介	Q	漆膜	X	小型
		Y	云母	L	涤纶	W	微调
		Z	纸介	S	聚碳酸酯	M	密封
		D	(铝)电解	A	钽	J	金属化
		O	玻璃膜	N	铌	D	低压
		I	玻璃釉	T	钛	Y	高压
		H	混合介质	M	压敏	G	管形
		B	聚苯乙烯			T	筒形
		F	聚四氟乙烯			Y	圆形

示例:CZJX—250—0.033—±10%

表示小型金属化纸介电容器,它的额定电压为 250 V,标称容量为 0.033 μF,允许误差为±10%。

固定电容器工作电压(额定直流工作电压)系列见表 3-2-12。

表 3-2-12 固定电容器工作电压系列

1.6	4	6.3	10	16	25	32*	40	50*	63	100	125*	160	250
300	400	450*	500	630	1 000	1 600	2 000	2 500	3 000	4 000	5 000	6 300	8 000
10 000	15 000	20 000	25 000	30 000	35 000	40 000	45 000	50 000	60 000	80 000	100 000		

注:1. 有“*”者只限电解电容器专用。

2. 数值上有下划线者建议优先采用。

各类常用电容器标称容量系列见表 3-2-13。

表 3-2-13 各类常用电容器标称容量系列

类型	工作电压	标称容量		允许误差
CZ 类纸介电容器	不大于 1 600 V	100 ~ 10 000 pF	10 15 22 33 47 68(乘以 10^n)	±5%
		0.01 ~ 0.1 pF	0.01 0.015 0.22 0.033 0.39 0.047 0.056 0.068 0.082	±10%
		0.1 ~ 1 μF	0.1 0.15 0.22 0.33 0.47	±20%
		1 ~ 10 μF	1 2 4 6 8 10	±20%

续表

<table>
<tr><th>类型</th><th colspan="2">工作电压</th><th>标称容量</th><th>允许误差</th></tr>
<tr><td rowspan="3">CY 类云母电容器</td><td colspan="2" rowspan="3">100 ~ 1 500 V</td><td>1　1.1　1.2　1.3　1.5　1.6　1.8　2　2.2　2.4　2.7　3
3.3　3.6　3.9　4.3　4.7　5.1　5.6　6.2　6.8　7.5　8.2
9.1(乘以 10^n,最小 10 pF,下同)</td><td>±5%</td></tr>
<tr><td>1　1.2　1.5　1.8　2.2　2.7　3.3　3.9　4.7　5.6　6.8</td><td>±10%</td></tr>
<tr><td>1　1.5　2.2　3.3　4.7　6.8</td><td>±20%</td></tr>
<tr><td>CC 类瓷介电容器</td><td colspan="2">不大于 500 V</td><td>Ⅰ型瓷介电容器标称容量同 CY 类
Ⅱ型:1　1.5　2.2　3.3　4.7　6.8</td><td>Ⅰ型同 CY 类
Ⅱ型:
±20%
-20%
+20%
+50%
-20%
+80%</td></tr>
<tr><td rowspan="6">CD 类铝电解电容器</td><td rowspan="2">专用</td><td>≤50 V</td><td rowspan="6">1　2　5　10　20　50　100　200　500　1 000
2 000　5 000</td><td>-10% ~ +50%</td></tr>
<tr><td>>50 V</td><td>-10% ~ +30%</td></tr>
<tr><td rowspan="4">一般电解电容</td><td>≤50 V</td><td>-10% ~ +100%</td></tr>
<tr><td>>50 V</td><td>-10% ~ +50%</td></tr>
<tr><td>>50 V
容量≤10 μF</td><td>-10% ~ +100%</td></tr>
<tr><td>各种值</td><td>-20% ~ +50%</td></tr>
</table>

注:电容器在脉动电路工作时,电压交流分量最大值和直流电压之和不应超过额定工作电压。

(2)各类常用电容器简介

①CZ 类纸介电容器

纸介电容器的电极用铝或锡箔制成,绝缘介质是浸蜡的纸,相叠后卷成圆柱体,为了防潮,电容器外壳有时采用密封的金属壳。纸介电容器适用于直流或脉动电路。

②CY 类云母电容器

云母电容器以云母为介质,具有很高的绝缘性。这类电容器的热稳定性很好,有较高的绝缘电阻和较低的损耗,工作电压也高,适用于直流、交流和脉动电路,在电子设备中被广泛使用。云母电容器的容量、工作电压、误差一般标在电容器上。

③CC 类瓷介电容器

瓷介电容器以高介电常数、低损耗的陶瓷材料为介质,做成管状或圆片状。Ⅰ型瓷介电容器适用于振荡回路或其他要求低损耗和高稳定性电路。Ⅱ型瓷介电容器的热稳定性较差,适用于高频、低频电路中的旁路、耦合回路、滤波或其他对损耗和稳定性要求不高的隔直流电路。

④CD 类铝电解电容器

电解电容器是以铝、钽、铌、钛的氧化膜为介质的电容器。

铝电解电容器以铝箔带组成电极,以氧化铝膜为介质卷绕制成。电解电容器是有极性的,在电容器外壳上标明"+"和"-"两极,使用时要特别注意电压的极性不能接反。如果极性接反,则电解作用反向进行,氧化膜很快变薄,漏电急增,如果在较高的直流电压作用下,电容器会发热甚至爆炸。

电解电容的特点是体积小、容量大,但是电容量误差大,工作电压不高。所以一般用于整流滤波,低频放大电路的耦合、退耦、旁路电容等。

(3)电路图中电容器的符号及参数标注规则

电容器的容量用数字直接标出,并标上单位。通常容量小于10 000 pF(0.01 nF)时,以pF为单位,而大于10 000 pF时以μF作单位。当容量小于1 μF,用小数点表示时,可省去单位μF,如0.47表示0.47 μF。电解电容器还常在旁边标上额定直流工作电压,如10 μF/25 V表示额定直流工作电压25 V。电容器常用的符号见表3-2-14。

表3-2-14　电容器常用的符号

旧国标	新国标	旧国标	新国标
 固定电容器	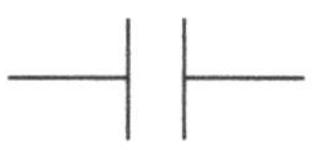 固定电容器	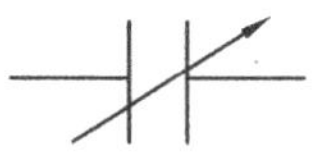 可调电容器	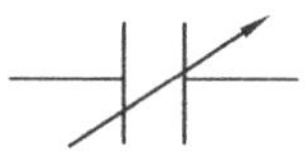 可调电容器
 电解电容器	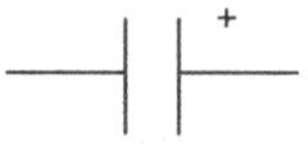 + 电解电容器	 半可调电容器	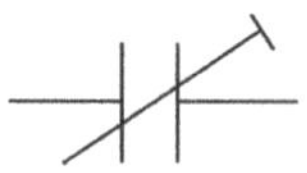 微可调电容器

3.3　产品的组装、调试与故障分析

学习目标

(1)掌握从原理图到安装图的识读。

(2)掌握手工焊接技能。

(3)掌握万用表电路的调试原理。

(4)掌握电路故障检测方法。

技能目标

(1)会正确使用手工焊接工具完成对电路的焊接安装。

(2)能对元器件进行正确、合理的整形。

(3)会用直流电源、直流电流表、标准万用表(已完成调试)和交流电源对安装表进行参数检测与功能调试。

(4)会用电路理论分析电路,查找电路故障,排除电路故障。

(5)学会与同学协作。

一、万用表电路的手工焊接

1. 练习焊接

按图3-3-1进行焊接练习。元件面细实线导线带绝缘层，焊接面粗实线导线为裸铜线。

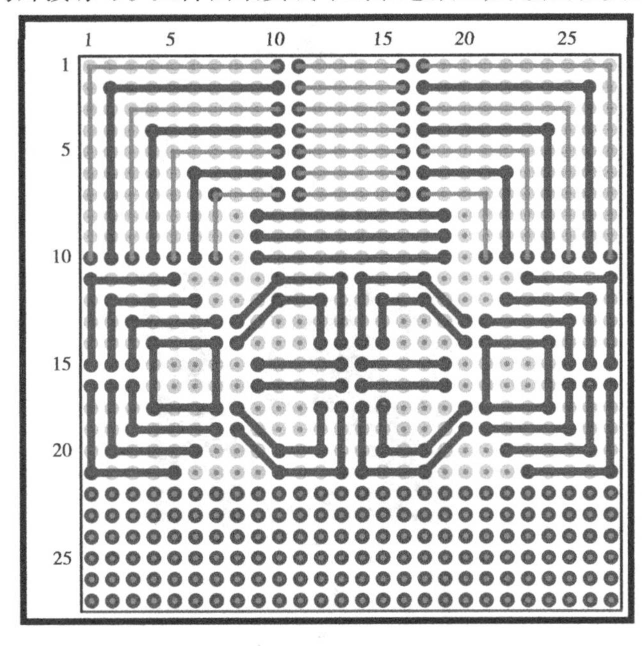

图3-3-1

2. 安装

(1)焊接

按图3-3-2安装万用表电路。焊接时要先矮后高，先焊接1/4 W电阻器，再焊接1/2 W电阻器，如图3-3-2(a)所示，然后焊接保险座、电容器、电位器、分流器、表笔插管，最后焊接表头和电池夹的连接线，如图3-3-2(d)所示。注意，分流器不能剪断，焊接部分需刮去氧化层，而且要架空焊接，如图3-3-2(a)所示；焊接表笔插管和电位器时要垂直，如图3-3-2(b)、(c)所示。

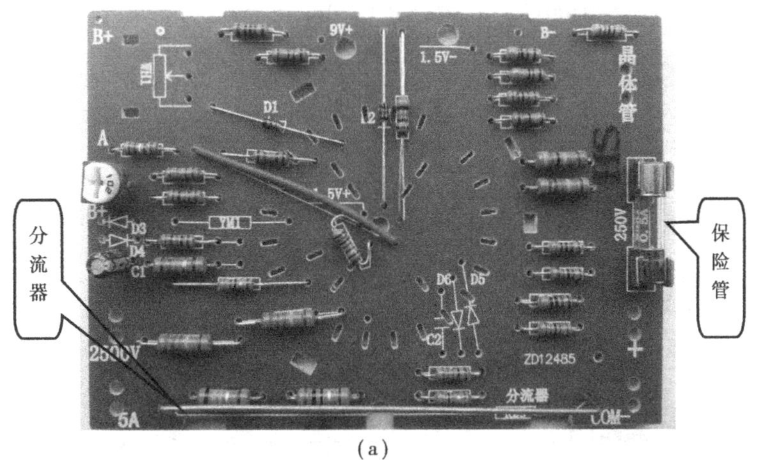

(a)

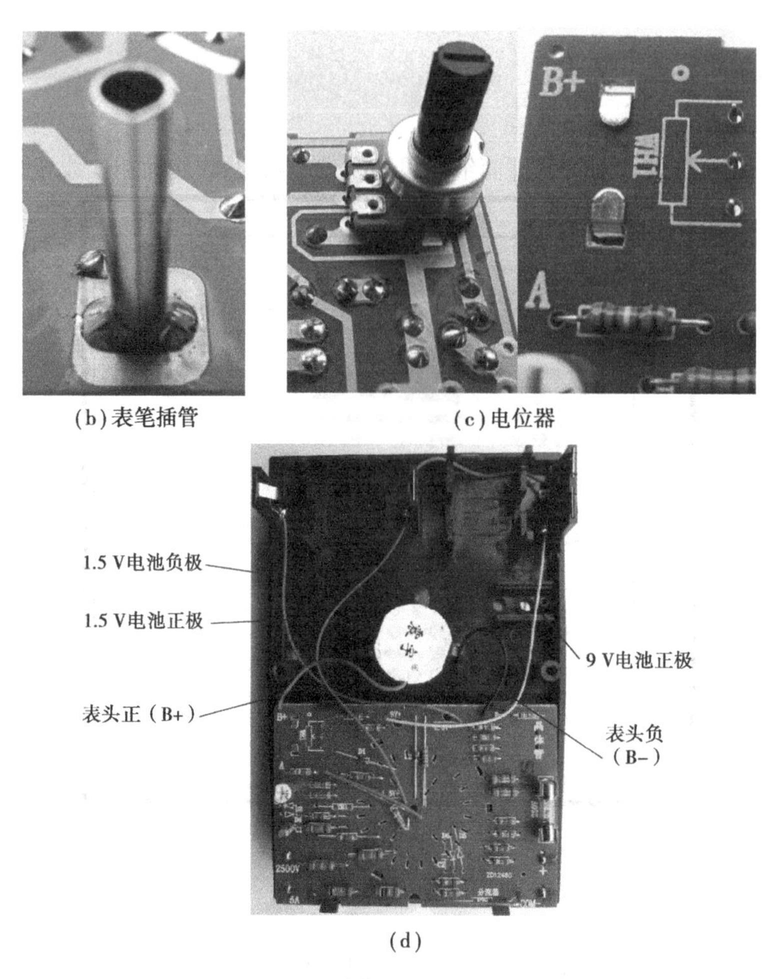

(b)表笔插管　　(c)电位器

(d)

图 3-3-2

(2)焊接验收要求

①元件布置合理,焊接、整形符合规定。

②电路无错焊,无漏焊,无虚焊。

③转换开关圆弧面千万不能沾上焊锡,如图 3-3-3 所示。

图 3-3-3

二、万用表电路的调试与故障检测

调试电路功能时,对准转换簧片,用一标准电表测量各挡电阻,其数据大致2.5 mA挡为30 Ω;25 mA挡为3 Ω;250 mA挡为0.3 Ω;2.5 V挡为25 kΩ;10 V挡为100 kΩ;250 V、1 kV挡对应的电阻大于等于500 kΩ;交流10 V挡40 kΩ左右;50 V挡200 kΩ左右。

电阻挡初测:加上电池,表笔短接电阻各挡调零自如即可。

200 μA校正:按图3-3-4(a)接线,量程开关调至0.5 mA挡,调整直流电源电压,使被校表读数与标准表显示一致,约200 μA。注意校正完后换挡,以备交流校正用。

250 V交流电压校正:按图3-3-4(b)接线,量程开关调至交流250 V挡,使被校表读数与标准表显示一致,约220 V。调交流电压时注意安全,先测低压再测高压。

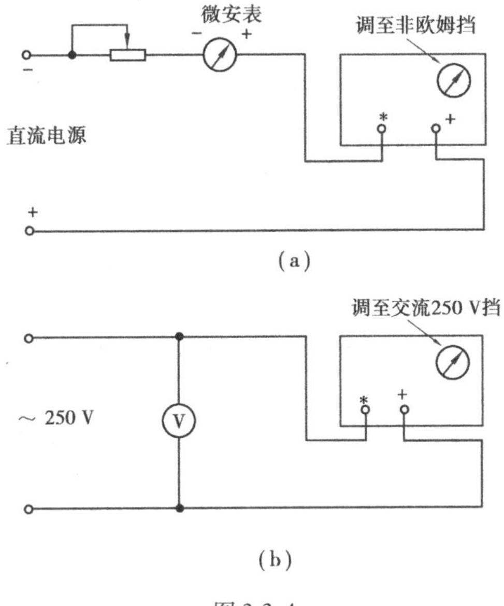

图3-3-4

【知识窗】

调试用仪器、仪表

一、FDP-3303C直流稳压电源

(1)功能说明

【开关】:按下接通电源,弹起断开电源。

【液晶显示窗】:两路输出相同。下方显示当前电路工作时流过电源的电流值,上方显示当前输出电压值。

【调节输出旋钮】:顺时针调节使输出增大,逆时针调节使输出减小。

【功能转换】:"INDEP"两路电源各自独立使用。

"SERIES"将两路电源串联使用。

"PARALLEL"将两路电源并联使用。

【源输出接口】:3组源输出接口。CH1和CH2分别是输出0~30 V可调电源;CH3对应固定输出5 V电源(液晶显示窗不显示该输出电压)。

(2)使用说明

如需要一组12 V 直流电压输出,则

a. 稳压电源通电,按下开关,设定【功能转换】为“INDEP”。图3-3-5所示2、3号按钮均弹起,按下1号按钮,对应“OUTPUT”指示灯亮。

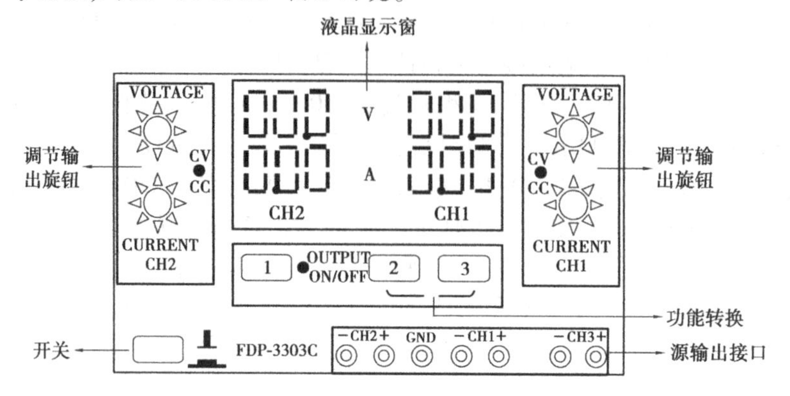

图3-3-5 前面板

b. 任选一组(CH2 或 CH1),调节“VOLTAGE”到最小,即逆时针旋到底,调节“CURRENT”到最大,即顺时针旋到底,此时,CV 指示灯显示绿色,【液晶显示窗】显示数值均为零。

c. 顺时针调节“VOLTAGE”到所需输出电压12 V。

由此作好实验所需直流电源的调节,再按不同实验要求接入电路。

二、UT890D 型数字万用表

数字万用表采用了大规模集成电路和液晶数字显示技术,它改变了传统的指针式万用表的电路和结构。在各功能方面有更加突出的优点,如读数方便直观、准确度高、体积小、耗电少、功能多等。

(1)面板功能键介绍

从面板上看,数字万用表是由液晶显示屏、量程转换开关与测试插孔等组成。

①液晶显示屏直接显示被测量值的数值和单位,如mV,mA,Ω,kΩ等。显示最大值为±5999,过量程显示“OL”。

②量程转换开关位于表的中间。数字万用表的功能有直流电压、直流电流测试挡;交流电流、交流电压测试挡;电阻、电容测试挡;二极管和蜂鸣通断测试挡;频率及hFE挡。

③表笔插孔4个。【COM】公共端(负极端)——插黑表笔;【VΩ】测量直流电压、交流电压和电阻等参数(除电流以外的其他参数)——插红表笔插孔(正极端);【20 A】大量程交、直流电流测量插孔——插红表笔;【mA】毫安级交、直流电流测量插孔——插红表笔。

(2)使用说明

①使用数字万用表前,首先要根据被测量,将红、黑表笔插入正确的插孔。估计一下被测量值的大小,尽可能选用接近被测量的量程。但若在实验前不能估计被测量值的大概值,正确的做法是:首先选用大量程,再根据被量值的大小调整测量表的量程,使用被测量值接近的最大量程值。假如测量显示结果读数为“OL”,表示被测量值超出所在挡测量范围(称为溢出),说明量程选得太小,可换高一挡的量程。

②交、直流电压和电流的测量。

a. 直流电压为 0 ~ 1 000 V；交流电压为 0 ~ 750 V；交、流电流均为 0 ~ 20 A。交流显示值均为有效值。测直流时能自动转换和显示极性。

b. 测电压时，将两表笔并接在被测电路两端。测电流时，将万用表串接入被测电路。

③电阻测量。数字万用表能自动调零。打开表电源开关，将量程开关旋到电阻挡的相应挡位，然后将两表笔跨接到电阻两引脚，读数稳定后显示测量结果。

④二极管的测量。

有—⊳|—标志的功能挡为专设的二极管测量挡，可测二极管的极性和正向管压降值。用红、黑两表笔分别接触二极管的两个引脚。测量结果如果显示为溢出数“OL”，则交换表笔，测得读数约为 560（注意：该读数不是二极管的等效电阻值，而是正向电压降）。说明：①二极管是好的，第一次的红表笔端为负极。②二极管的正向压降约为 0.56 V。假如两次测量均显示溢出数“OL”（硅堆除外）或两次均有压降读数，说明该二极管已损坏。

⑤蜂鸣挡。

蜂鸣挡可用来检查线路的通断。蜂鸣器有声响时，表示被测线路通（$R \leqslant 10\ \Omega$）；蜂鸣器无声响则表示被测线路不通。要注意的是，使用蜂鸣挡时，被测线路只能在开路状态，否则会产生错误判断。

（3）使用注意事项

①数字万用电表的红表笔为“＋”，黑表笔为“－”；指针式万用表（50D 型）红表笔为“－”，黑表笔为“＋”。

②测 10 Ω 以下精密小电阻时（600 Ω 挡），先将两表笔短接，测出表笔电阻（约 0.2 Ω），然后在测量中减去这一数值。

③为了节省用电，数字万用表设置了 15 min 自动断电模式。自动断电后若要重新开启电源，可点击任何按键或将开关旋至 OFF 后重新开机。

④当屏幕左上方出现“▭▮”符号时，应更换电池以确保测量精度。

参考文献

[1] 邱关源,罗先觉. 电路[M]. 5 版. 北京:高等教育出版社,2006.
[2] 巨辉,周蓉. 电路分析基础[M]. 北京:高等教育出版社,2012.
[3] 王卫平. 电子工艺基础[M]. 北京:电子工业出版社,2000.
[4] 姚金生. 元器件[M]. 北京:电子工业出版社,2001.
[5] 陈意军. 电路及磁路实验[M]. 北京:高等教育出版社,1993.